2021年江苏省主题出版重点出版物
2021年全国高校出版社主题出版

河流的承包

河长制的地方试验及其创新扩散研究

陈涛 著

中国乡村生态文明建设实践研究丛书

丛书主编 ◎ 洪大用

河海大学出版社
HOHAI UNIVERSITY PRESS
·南京·

图书在版编目(CIP)数据

河流的承包：河长制的地方试验及其创新扩散研究 / 陈涛著. -- 南京：河海大学出版社，2021.12

(中国乡村生态文明建设实践研究丛书 / 洪大用主编)

ISBN 978-7-5630-7340-5

Ⅰ. ①河… Ⅱ. ①陈… Ⅲ. ①河道整治—责任制—研究—中国 Ⅳ. ①TV882

中国版本图书馆 CIP 数据核字(2021)第 250053 号

书　　名	河流的承包——河长制的地方试验及其创新扩散研究 HELIU DE CHENGBAO——HEZHANGZHI DE DIFANG SHIYAN JI QI CHUANGXIN KUOSAN YANJIU
书　　号	ISBN 978-7-5630-7340-5
策划编辑	朱婵玲
责任编辑	张　砾 龚　俊
特约编辑	王　敏
特约校对	陈晓灵
装帧设计	独好文化
出版发行	河海大学出版社
地　　址	南京市西康路 1 号(邮编:210098)
电　　话	(025)83737852(总编室) (025)83722833(营销部)
经　　销	江苏省新华发行集团有限公司
排　　版	南京布克文化发展有限公司
印　　刷	江苏凤凰数码印务有限公司
开　　本	787 毫米×1092 毫米　1/16
印　　张	13
字　　数	267 千字
版　　次	2021 年 12 月第 1 版
印　　次	2021 年 12 月第 1 次印刷
定　　价	58.00 元

总序

在河海大学出版社等各个方面的大力支持下，通过各位作者的共同努力，目前包含5本专著的“中国乡村生态文明建设实践研究丛书”即将正式出版，这是今夏潮湿闷热天气中的一缕清风，让人精神为之一振。作为丛书的主编，我觉得有必要先写几句，交代一下丛书的来龙去脉以及我在指导研究和编辑丛书过程中的体会，以方便读者审阅。

（一）

自从上个世纪90年代以来，我和我的团队围绕环境社会学做了一些研究，写了一批文章，也出版过几本书，有一点影响，但这些著作总体上是基于文献的理论研究或在抽样调查数据基础上开展的实证研究[①]。一直以来，我很想有机会就区域环境保护或者单项环保制度的实践开展更加深入、更接地气的案例研究，把学术之根扎进中国实践的“泥土”之中。特别是在党的十八大提出“把生态文明建设放在突出地位，融入经济建设、政治建设、文化建设、社会建设各方面和全过程，努力建设美丽中国，实现中华民族永续发展”之后，我的上述想法更为迫切。

2014年8月，我代表中国人民大学送选调生赴福建任职，得遇时任福建省委常委、宣传部部长的李书

① 例如《中国公众环境意识初探》（洪大用主笔，中国环境科学出版社1998年版）、《社会变迁与环境问题》（洪大用著，首都师范大学出版社2001年版）、《中国民间环保力量的成长》（洪大用等著，中国人民大学出版社2007年版）、《环境友好的社会基础》（洪大用、肖晨阳等著，中国人民大学出版社2012年版）、《生态现代化与文明转型》（洪大用、马国栋等著，中国人民大学出版社2014年版）等。

磊教授，他在交谈中说到福建省长汀县水土流失治理实践值得深入调查总结，这提示了我田野点的一个选择。在他的支持下，我很快带领龚文娟、范叶超、邓霞秋等人专程前往长汀开展预调研，后来在中国人民大学召开了专题研讨会，并在《福建日报》发表过相关文章①。当时，范叶超是一年级博士生，我就引导他把长汀县作为田野点，继续深入研究，为博士论文做准备。

与此同时，作为“四个一批”人才计划的入选者，我在2014年9月有幸获得“全国文化名家暨‘四个一批’人才自主选题资助项目”的申报机会。经过认真思考，我以《中国生态文明制度建设实践与评估》为题进行了申报，计划以福建长汀、浙江安吉和河北定州(县)等作为田野点展开研究。2015年8月，我赴浙江安吉开展了预调研，后又于2017年8月带领龚文娟、童志锋、胡溢轩、郭涵潇等人开展正式调研，并引导他们开展专题研究或积累博士学位论文的资料。同样是在2015年8月，按照自主选题的设计，同时也是为了接续李景汉先生开创、郑杭生先生拓展的定县社会调查传统，完成中国人民大学的重大科研立项项目，我带领团队成员赴河北定州开展预调研(后来又去过多次)，先后有黄家亮、陆益龙等教师和李阳、刘凌、杨峥威、何钧力、郝孟哲等在读博士生参加，我也期望他们中的一些人在参与完成定县再研究总任务的同时，

① 洪大用：《长汀县水土流失治理实践对推进生态文明建设的理论启示》，《福建日报》，2014年11月6日。

着重围绕定县的污染治理和绿色发展开展案例研究。

2018年，河海大学陈涛副教授申请到中国人民大学开展博士后研究，希望我作为指导教师。考虑到他有很好的学术基础和比较明确的、与我课题比较一致的研究目标，我很愉快地接受了。当时，我和他交流了制度/政策实践评估的基本思路，引导他就生态文明建设制度实践评估的方法论进行研究，并选择若干类型的制度实践进行深入的案例分析。尽管后来由于研究日程的原因，特别是2020年新冠肺炎疫情的影响，陈涛博士没能完成全部研究，但是其围绕水污染治理中"河长制"实践所展开的分析是有启发性的。在考虑编辑这套丛书时，我请他对以"河长制"为主题的博士后出站报告进行了完善，也将之收入了本丛书。

这样一来，目前收入本丛书的五本著作，都是在作者博士论文写作经历或者博士后出站报告基础上撰写的[①]，大体上都是围绕中国乡村生态文明建设实践的案例分析，有区域层面的多维度研究，也有聚焦小微企业绿色转型、居民生计转型或制度创新的专题研究。作者们共同遵循着"从实求知"的学术传统，努力通过鲜活的材料、社会学的视角来揭示并反思乡村生态文明建设的实践过程。这些成果构成了我和我

---

① 其中，《内生之美——美丽乡村建设的核心逻辑》一书，由我草拟了初步的写作提纲，原计划基于典型案例，深入分析美丽乡村建设的理论逻辑、历史逻辑和实践逻辑，特别强调揭示典型案例中的内生力量及其作用机制，阐述其对乡村绿色发展的一般意义。后来由于公务繁杂，我未能直接参与写作，只能对胡溢轩、童志锋等人提供一些指导性建议。

的团队环境社会学研究议程的新进展，我想通过结集出版的方式与更多的同仁分享。

(二)

胡溢轩、童志锋等人所著《内生之美——美丽乡村建设的核心逻辑》，兼顾历史视角与结构视角、制度视角与实践视角，立足于工业化、城市化、城乡关系演变等时空背景，梳理了中国乡村发展政策的演变过程、内在机理以及实践逻辑，总结了乡村发展的共性规律与多样化特征。在此基础上，作者们对浙江安吉的实践进行了深度剖析，指出其核心特点在于把生态文明建设放到突出位置，统筹了经济建设、社会文化发展以及基层治理，并将美丽乡村建设作为推动乡村发展的主要载体和深度延伸。比较有价值的是，作者们关注到了案例地区与外部社会互动过程中的自主性，特别揭示了乡村发展的内生动力及其作用机制，这是“安吉模式”的内核，也是可持续的乡村建设的基础。如果没有有效的内生力量集聚并发挥作用，美丽乡村建设最终只能是无源之水、无本之木，难以持久，甚至根本就难以开始。

范叶超所著《岁岁炊烟——中国乡村的日常生活与环境变化》，是对福建长汀案例的研究，这是一本有情怀、有深度、有新意的著作，是在案例地区生态保护实践基础上的一种理论叙说。其最为突出的特点是从更加宽广的历史视野考察环境与社会关系的演变，并选取了日常生活实践视角，分析了乡村环境退化的社会根源、乡村可持续性转型的社会干预路径、乡村居民的环境行动以及网络化时代乡村发展的环境后果。由此，作者指出“乡村环境变化并非是肇始于乡村社会现代化转型的一个从外到内、从无到有的突变过程，而是植根于乡村社会内部日常生活的一个长期的、连续的渐变过程”①，日常实践的再生产与变迁构成了乡村环境变化的社会动力，解决乡村环境问题、推进生态文明建设，需要关注实践导向的环境治理模式。该研究的一个更大理论抱负是试图超越中国乡村环境变化研究的“现代化解释框架”，作者认为这一框架“无法解释前现代中国乡村环境问题，放大了乡村发展与环境保护之间的对立，未能清楚阐释乡村居民在乡村环境变化中的能动性，并且对网络化这样一个宏大社会变迁进程提出的新课题缺乏合适的理论工具来拆解”②。

刘凌所著《大趋势下的小生境——农村小微企业绿色转型的案例研究》和李阳所著《重现的村庄——环境治理与居民生计转型》，都是针对河北定县的案例研究，其共同关注的是宏观层面的绿色发展趋势和日趋严格的环境保护政策在基层实践的影响，关注生态文明建设与其他领域建设的配套和协同。其中，刘凌侧重于从小微企业入手，分析其自主适应绿色发展行为的策略、过程、机制、影响因素以及风险。作者指

---

① 参见本丛书中范叶超著：《岁岁炊烟——中国乡村的日常生活与环境变化》，第176页。

② 参见本丛书中范叶超著：《岁岁炊烟——中国乡村的日常生活与环境变化》，第177页。

出，农村小微企业因应发展环境变化而自觉适度地调整其环境行为，创建了能在一定程度上既适应管制性环境政策又保证自身生存的小生境，推动了绿色转型取得阶段性进展。但是，由于反向驱动作用的存在，以及企业生存发展目标与环保改造目标之间存在一定程度的对立，环境政策的执行效果受到了约束，与预期的转型目标仍然存在距离。李阳的著作则聚焦于与居民生计密切相关的"散乱污企业"治理议题，关注"施害者兼受害者"这一主体参与环境治理的现实逻辑，分析了居民替代性生计方案的设计和实施、环境治理成本的合理分担、村庄原有权力结构和乡土关系等在促进环境治理中的作用，初步揭示了环境治理实践中的公平认知、表达及其实现机制。

前文已述，以上针对福建长汀、浙江安吉和河北定州的案例研究，是遵循我主持的课题研究计划开展的。我之所以选择这样三个案例点，除了机缘的因素之外，更多地是考虑到其各自的代表性。大体而言，三个案例点在经济社会发展水平、面临的环境问题类型、区域资源禀赋以及社会文化条件等方面都是有很大差异的。福建长汀的水土流失问题由来已久，其治理在最近的几十年中取得了显著进展，这是通过追求生态美以实现百姓富的一个典型案例；浙江安吉是经历环境污染、生态破坏之后，痛定思痛，利用区位优势和内生资源把绿水青山变成金山银山的一个典型案例；河北定州则是在快速工业化城市化进程中，不得不同时控制环境污染、谋求绿色发展的一个典型案例。我以为，对这三个案例的深入研究，可以更好、更全面地呈现中国乡村生态文明建设的多样化实践，揭示不同地区推进生态文明建设的个性与共性。与此同时，以上初步的研究成果也提示了我们不断拓展中国乡村生态文明建设研究视角的重要性。

我在指导上述三个案例研究的过程中，曾以不同形式对各位作者强调过以下几种视角，我认为运用好这些视角是很重要的。首先是历史视角。毫无疑问，环境与社会的关系是动态的、变化的，也是连续的，不同社会形态下的环境问题有不同的表现但也有彼此间的联系，只有把当下环境与社会的关系放在历史演变和发展的脉络中考察，才能得出更加科学合理的认识。其次是开放视角。当代乡村已经不是自给自足的封闭体系，而是更大范围体系的组成部分，甚至是全球体系的一个单元，是一个对外开放的系统。因此，分析乡村环境与社会的关系，必须关注乡村与外部社会的各种联系，包括人口的、环境的、经济的、技术的、信息的、政治的以及文化价值等方面的联系，没有对这些联系的认真研究就难以准确把握特定乡村环境与社会关系的实质。再次是整体视角。环境领域是与社会的各个方面密切关联的，要把一个地区的环境与资源、经济、社会、政治和文化等子系统综合起来考察，把环境保护制度与其他各项社会制度安排统筹考虑，不能孤立地看待和推进环境保护。第四是实践视角。也就是要一切从实际出发，关注环保制度/政策在复杂社会关系中的实践过程和效果，关注普遍性制度设计在实践中的再创造和变异，努力发展兼具共性与特色的最适切的制度，不能只局限于文本的分析、教条主义做法和简单的价值倡导。第五是辩证视角。要认识到社会中各种因素与环境关联的客观必然性，一分为二地看待社会中各种破坏或者促进环境保护的因素，不要简单地贴标签，而应实事求是地引导、转化或者预防，最大程度地发挥各种因素的积极作用，凝聚促进环境保护的最大力量。如此，我们才能在科学认识环境与社会关系、把握环境制度/政策实践的基础上，更有针对性、更加有效地推进乡村生态文明建设。

需要指出的是，陈涛所著《河流的承包——河长制的地方试验及其创新扩散研究》，并非是针对我所计划的三个案例点的研究，但是仍然属于该课题的一个有机组成部分，即对生态文明建设的制度/政策进行评估。党的十八大以来，特别强调了健全制度体系，为生态文明建设提供强有力的支撑。“河长制”无疑是生态文明建设制度的重要内容之一，这项制度的创造和推广，对于我国城乡生态文明建设都产生了很大影响。陈涛的著作基于田野调查和文献资料、网络资源等，对“河长制”的起源、创新背景及其扩散过程进行了比较深入的分析，同时也考察、检讨了该制度在推广过程中的一些变异现象，讨论了其有效发挥作用的基础原理和科学机制，强调了田野调查和对地方社会的“理解”在制度实践分析中的重要性。我相信，这类研究对于今后进一步考察乡村生态文明建设的制度创新和实践是有一定启发意义的。

(三)

毫无疑问，以上几本著作的完成是非常不容易的，对于初学者而言，尤其如此。尽管在研究一开始，我就努力与主要作者交流项目的整体设计，商量明确研究方向、调研地点、材料搜集范围和注意事项等，特别是在浙江安吉调研时曾经提出田野调查的八项要点：胸怀大局、有备而来、走村串户、“擒贼擒王”、顺藤摸瓜、眼脑并用、勤能补拙、团结协作，以此指导他们科学开展调查研究。同时，我也尽可能地与大家一起参加调研或者提供各种必要的支持。但是，研究者真正开展田野工作，各种困难常常还是预想不到的。长时间驻村入户，学会独自生活，克服语言障碍和家庭生活等方面的各种难题，这些倒不是主要的，最重要的是发现问题、分析问题的过程，往往是很痛苦的，我时常能够从他们的迷茫、困惑和吐槽中体会到这一点。

事实上，问题意识是科学研究的前提和基础，发现问题、提出问题、分析问题的能力在很大程度上决定了一项研究的质量。我在多年教学实践中发现，至少有三个方面的因素制约了学生问题意识的养成：一是越来越多的学生缺少社会经历，缺乏社会感，他们往往从学校到学校，在读书过程中“两耳不闻窗外事”，对于身处其中的社会现实缺乏必要的理解，其受教育的过程在一定意义上脱嵌于社会过程；二是信息技术的快速发展在很大程度上改变了学生认知和理解社会的方式，他们的想象能力得到拓展，但是也有使自己满足于、安身于、建构于虚拟世界的倾向，与现实世界有所脱节，甚至以虚拟替代现实；三是一些教师非常强调在学术发展的脉络中提出问题，而社会学是一门外来学科，一些教师指导学生读了不少书，养成了学生从概念到概念、从理论到理论的思维方式，这种训练对于知识传承无疑是重要的，但是弱于知识发展。这种模式下训练出来的学生，问题意识是有的，但是往往与中国实际相脱节，至少是存在一定的隔膜。实际上，问题源于实践，学术发展中的问题也不例外。只有参透问题的本质，直面鲜活的实践，并与实践中的人们深入交流，我们才能提出真问题、开展真研究。古人说“世事洞明皆学问，人情练达即文章”，这是很有道理的。对于社会科学研究者而言，具有真切的社会感，从社会自身提出研究问题，是走向成功的关键。从各位作者完成的研究看，他们在形成科学的问题意识方面得到了一定的锤炼。

我在指导作者们开展研究时常常遭遇的另一个问题是他们对于“理论”的纠结和迷茫。有些作者反映，他们面对看到的社会现象、搜集到的研究资料，总是找不到合适的“理论视角”，而一些专家在评阅其研究成果时往往也会提出诸如理论视角不够清晰、理论提炼不够深入、理论与材料“两张皮”之类的意见。这里至少反映出两个方面的问题：一是研究者对于“理论”的误读，把“理论”过于抽象化、神圣化。事实上，理论的本质是论理，是符合逻辑地讲道理，是用这种方式揭示现象背后的规律性，代表着超越感性认识的理性认识和超越特殊的一般表达。理论形成的过程就是通过比较、求同、析异、推理、概括（概念化、形成命题）等方式而不断去粗取精、去伪存真、接近真理的过程，这是任何研究的一个自然过程。因此，所谓“理论”的困境不过是研究不深入、不细致的一种表现而已。二是我们有些教师在教学过程中存在着过于强调既有理论知识的学习、把理论学习当作理论建构的倾向，对于理论的本质以及不同理论背后的观念、思想揭示不够，对于理论与实际相结合强调不够，对于理论思维和理论建构方法的训练不够，这样讲授的社会学理论，学生学得再多、背得再熟、考得再好，也是不会实际运用的，至于创造和建构新理论的能力，则更是罕有。我们的理论教学需要适当的专门课程，但是专门到了与实践脱节的程度，就很难真正训练出学生的理论思维和理论能力了。所以，我总是鼓励研究者，到实践中去，把事情弄明白，把话说清楚，遵循论理的规则，努力超越特殊达成一般的认识，这就是理论思维的训练，就是朝着理论建构的努力。简单地拿着本本、教条去翻检研究所需的“理论视角”，这种偷懒的做法可能是方法上的误读和程序上的颠倒，实际上对理论创新和发展有很大的限制，对研究成果的质量也必然构成一种制约。我想，本丛书的作者们在研究实践中应该对此有所感悟。

收入本丛书的几本著作，都是针对当下中国生态文明建设实践的，体现了鲜明的实践导向，这也是我长期坚持的指导学生开展研究的一种导向。从我指导第一篇硕士学位论文开始，我的绝大多数学生论文选题都是围绕中国现代化实践中各种现实议题的。实践观点是马克思主义的基本观点，是马克思主义社会研究的出发点和落脚点。马克思主义的唯物史观认为“全部社会生活在本质上是实践的。凡是把理论引向神秘主义去的神秘东西，都能在人的实践中以及对这种实践的理解中得到合理的解决”①。我一直认为，一切从实际出发，理论联系实际，实事求是，知行合一，学以致用，是研究者所应坚持的基本立场。一百年来，中国共产党领导中国人民在革命、建设、改革和奋进新时代的实践中作出了伟大创造，“推动物质文明、政治文明、精神文明、社会文明、生态文明协调发展，创造了中国式现代化新道路，创造了人类文明新形态”②。但是相对而言，我们知识界对这种伟大创造的理论认识、总结和传播还不够，突出体现在中国特色哲学社会科学话语体系的世界影响力还不够。这当中，一个非常重要的原因就是哲学社会科学研究的实践导向还不够有力，以我们正在做的事情为中心开展学术研究的意识还不够强，面向实践的研究成果

---

① 马克思：《关于费尔巴哈的提纲》，载《马克思恩格斯选集（第一卷）》，中共中央马克思恩格斯列宁斯大林著作编译局编译，第135-136页，人民出版社2012年版。

② 习近平：《在庆祝中国共产党成立100周年大会上的讲话》（2021年7月1日），新华社北京7月1日电。

水平还不够高，往往是知识复制、传播胜于知识创造。应该说，中国社会学有着相对突出的主体意识，有着重视实践、从实求知的优良传统，并发展出一系列观察、分析中国社会现象的理论、方法和技术，很多优秀的社会学家都以研究和解决中国实际问题为己任，并在这种工作中成就了自己的事业。我们有责任传承并发扬光大中国社会学的优良传统，在面向实践、服务实践、创新实践中不断发展中国社会学。当然，这本身也就意味着实践导向的社会学并不完全等同于解决问题的社会学，它在研究和解决实际问题的过程中也努力发展出具有一般意义的理论、知识和方法，推动社会学学科体系、学术体系和话语体系的发展，不断扩大中国社会学的国际影响力。

问题意识、理论思维和实践导向，是研究者在研究实践中不断提升的综合素养，几乎没有人能够一开始就做得很好，但是需要有持之以恒的自觉行动。我感到比较欣慰的是，参与本丛书写作的各位作者，都体现了比较自觉的努力，他们的成果是中国环境社会学研究最新进展的组成部分。不过，他们的著作还是练习之作，在崭露头角的同时还略显青涩，是与同行交流、彼此互鉴的一个靶子。各位作者在书中也就其不足与缺陷做了相应说明，欢迎读者们不吝批评指正，以便日臻完善。客观而言，诸如研究问题不够聚焦、分析视野不够宽阔、材料组织不够精炼、理论思维不够细致、论证过程不够严谨、观点提炼不够到位、学术对话不够充分等不足，在不同作者的写作中确有这样那样的体现，特别是有的著作仍有比较大的持续改进空间。至于作者们的研究成果对于实践的服务和指导作用，尚待观察。这里情况很复杂，既取决于相关研究发现的政策适切性，也取决于成果转化的实际过程，需要靠时间和实践来不断检验。但是，我相信学术研究是一种修行，只要自信自省、持之以恒，日积月累必有精进，必能学以致用造福社会。

(四)

江山代“须”才人出。一代人有一代人的使命和责任，中国环境社会学的未来发展需要更多年轻人脱颖而出。自从上个世纪90年代中期中国环境社会学的学科意识萌生以来，在中国社会学会的大力支持下，通过全国各相关教学科研单位同仁的共同努力，中国环境社会学快速发展，在中国社会学共同体中的地位日益巩固、影响不断扩大。但是，整体上看，中国环境社会学还是比较弱小的分支学科，相比于中国社会学共同体的快速发展、中国特色社会主义新时代的要求和快速推进的生态文明建设实践，还有很大差距。我衷心期望越来越多的年轻人奋发有为，拥抱中国环境社会学的新时代，创造中国环境社会学的新时代，在推动学科高质量发展中成就自己的事业，服务于党和国家事业发展的需要。

中国环境社会学的新时代是我们面对着更加充分的环保社会共识的时代。党的十九大提出，“中国特色社会主义进入新时代，我国社会主要矛盾已经转化为人民日益增长的美好生活需要和不平衡不充分的发展之间的矛盾”,“人民美好生活需要日益广泛,不仅对物质文化生活提出了更高要求,而且在民主、法治、公平、正义、安全、环境等方面的要求日益增长”①。从不断普及的环境知识、不断强化的环境保护意识、不断提高的环境质量要求、不断增加的环境维权和风险规避行动、日渐普遍的自觉环保行为、日趋活跃的民间环保团体等方面看,更大力度、更加有效地加强环境保护、推进生态文明建设,为人民群众创造更多优质的生态产品和更加舒适的生活环境,已经有了更加广泛的社会共识,由此也更加凸显出加强中国环境社会学研究的迫切性和重要性。

中国环境社会学的新时代是我们面对着更加充分的环保政治共识的时代。可以说,党和国家一直重视推进环境保护,但是今天有着更加高远的战略站位、清晰的“人与自然生命共同体”意识、系统的生态文明思想指导、坚定的“人与自然和谐共生的现代化”导向、明确的工作目标规划、扎实的系列制度建设和有力的持续推进举措。党的十八大以来,在习近平生态文明思想指引下,生态文明建设放在了关乎党和国家事业发展、人民福祉与引领文明发展新方向的更加突出的地位,越来越深入地融入经济建设、政治建设、文化建设、社会建设各方面和全过程,成为中国特色

---

① 习近平:《决胜全面建成小康社会,夺取新时代中国特色社会主义伟大胜利——在中国共产党第十九次全国代表大会上的报告》,参见中国政府网:http://www.gov.cn/zhuanti/2017-10/27/content_5234876.htm。

社会主义事业总体布局的有机组成部分。随着政治共识的深入贯彻,各级党委和政府,各个部门,各条战线,都前所未有地重视推进生态文明建设,习近平生态文明思想正在全国各地落地生根、开花结果,这是中国环境社会学最为鲜活、最为丰富的研究对象。

中国环境社会学的新时代是我们面对着环保政策设计更加重视环境社会治理的时代,这是体现出新的环保政策共识的时代。十八届三中全会提出国家治理现代化的命题之后,驱动了各条战线、各个领域的治理变革。十八届五中全会通过的《中共中央关于制定国民经济和社会发展第十三个五年规划的建议》明确提出要"以提高环境质量为核心,实行最严格的环境保护制度,形成政府、企业、公众共治的环境治理体系"。党的十九大报告提出"坚持全民共治、源头防治","构建政府为主导、企业为主体、社会组织和公众共同参与的环境治理体系"。2020 年,中办、国办联合印发《关于构建现代环境治理体系的指导意见》,进一步明确提出了"构建党委领导、政府主导、企业主体、社会组织和公众共同参与的现代环境治理体系","到 2025 年,建立健全环境治理的领导责任体系、企业责任体系、全民行动体系、监管体系、市场体系、信用体系、法律法规政策体系","形成全社会共同推进环境治理的良好格局"。显然,在持续推进国家治理现代化的进程中,环境治理体系的现代化越来越多、越来越深地包括了社会治理的内涵,出现了新的政策共识。这已经催生了相关的一些研究和专业组织,集聚了一些专业人才，形成了初步的政策路线图和工作重点。我想，环境社会治理是中国环境社会学理应作出贡献的重要领域。

最后，中国环境社会学的新时代也是我们在已有学科发展基础上阔步迈向环境社会学高质量发展的时代。回顾过去二十多年，中国环境社会学在学术组织建立、学术交流制度建设、专业研究机构建设、科学研究、人才培养、社会服务、国际交流等多个方面都取得了不错的成绩，从事环境社会学教学与研究的人越来越多，科研成果发表的数量和质量不断提升，研究领域不断拓展和深化，奠定了进一步发展的良好基础。面对新形势新需求新挑战，继续加快发展中国环境社会学的意义不言而喻，条件和机会也是显而易见的，当下最关键的是要强化质量意识，不断推进中国环境社会学的高质量发展，不断提升中国环境社会学服务支撑生态文明建设实践的能力。这就要求我们在继续深化环境社会学基础理论与方法研究的基础上，更加深入地扎根中国生态文明建设实践，坚持以人民为中心的立场，保持建设性反思精神，扎实工作，深入交流，在互鉴互学中共同进步。特别是，我们期望广大青年学者能够勇担使命，严于自律，快速成长，争做中国环境社会学高质量发展新时代的主力军。

(五)

行文至此，作为一篇序言，似乎已经有些冗长了，该收尾了。我想，读者如果能够耐住性子读完，应该会对本丛书的来历，以及编辑出版本丛书的初衷、考虑和体会等方面有所了解。其中，我在指导研究过程中的一些感悟、想法，如果能够引起读者的一些共鸣，或者激发出读者进一步开展环境社会学研究的兴趣，推出更高质量的研究成果，那我就倍感欣慰了。

最后，我要感谢各个方面为我们团队开展调查研究所提供的宝贵支持，特别是要感谢福建省龙岩市委宣传部和长汀县的有关同志，感谢浙江湖州市和安吉县有关部门的同志，感谢河北定州市委市政府和有关部门的同志。我还要感谢“全国文化名家暨‘四个一批’人才自主选题资助项目”和中国人民大学科学研究重大规划项目“中国农村社会变迁与治理转型——河北定县农村百年演变的调查研究”的立项支持，本丛书也是这些项目实施的成果之一。本丛书能够顺利出版，得益于各位作者的积极工作，得益于江苏省委宣传部的大力支持，在此一并致谢！

中国人民大学
社会学理论与方法研究中心教授 洪大用

2021 年 8 月 13 日于北京

目　录

图表索引

第一章 绪论

人水关系是人类与自然关系的一个基本维度，也是人类与自然关系的重要组成部分。人类的文明起源、经济社会发展以及日常生活，都与水有着密切的关联。然而，工业化之后，水污染逐渐成为国际社会的共同挑战。水污染的影响具有综合性、连锁性和长期性，常常会损害公众健康、引起社会恐慌、诱发社会冲突，甚至影响政治秩序。在很大程度上，水质型缺水已经塑造了“缺水社会”。作为水污染最严重的国家之一，中国从政府、市场与社会等多重维度创新环境治理体制与机制。其中，河长制是一项基于地方试验以及十余年地方实践而上升为国家层面的治水制度。

第一节
研究背景与研究问题

一、研究背景

詹姆斯·费尔格里夫(James Fairgrieve)在《地理与世界霸权》一书中刻画了地理因素对于世界历史的影响甚至是支配性作用。在素描中国篇章时，他特别凸显了河川的历史意义，认为“中国是一个独特的江河之乡，这不仅意味着它的土地上有众多的河流，而且意味着其历史受到了这种支配事实的巨大影响”(詹姆斯·费尔格里夫，2016：212)。人类社会及其历史发展高度依赖水，与此同时，水也反作用于人类社会。在前工业社会，水对人类的威胁主要表现为洪涝灾害，中国的治水政策以及“治国先治水”和“善治国者必先治水”理论正是由此产生。到了现代社会，水对人类生存和可持续发展的威胁，除了洪涝灾害，还有水资源短缺、水生态恶化以及水环境污染等。媒体所称的某些区域“有水皆污”“有河皆干”“逢雨必酸”等问题并非耸人听闻，而是关于现代水问题的真实写照。当前，国际社会正积极致力于应对新老水问题。

工业革命以来，水污染形势日趋严峻而复杂。其中，泰晤士河的污染问题属于早期水污染的典型。当下，综观全球，无论是内陆江河湖泊，还是海湾海洋，都面临着污染的困境或威胁。就连地球的南北极，科学家也发现了“白色污染”——塑料。水污染与工业化、城市化以及生产生活方式的现代化存在着深刻的关联。在中国，工业化和城市化的快速推进，特别是人类的肆意排污行为，导致水污染形势异常严峻。20 世纪 80 年代后，村民集体性地清理河道淤泥以及维护河道的场景不再，农村河道日趋变窄和变浅；随着罱河泥等传统农业生产活动的终结，水污染恶化形势更加严重。同时，大量的工程建设和生产生活之需，诱使人类纷纷向水域索要空间，导致湖泊和湿地等水域面积萎缩，生态功能严重退化。不仅如此，很多河道被人为截断，导致了大量的“断头河”和“死河”，就连长江中下游两岸的 100 多个自然型通江湖泊，如今也只剩下 3 个(洞庭湖、鄱阳湖和石臼湖)。更有甚者，还有大量的“明河”沦为“暗河”，甚至因垃圾填埋等原因而不复存在。凡此种种问题，无不导致水污染形势更趋严峻而复杂。

为治理水污染，中央政府和地方政府开展了大量的探索与实践，投入了巨额资金。但是，水污染久治不愈，甚至愈演愈烈。“九五”期间（1996—2000年），国家开展了“三河（淮河、海河、辽河）三湖（太湖、巢湖、滇池）”专项治理，但绩效甚微。2004年，《人民日报》刊文指出，该专项治理落实情况进展缓慢，“主要水污染物排放总量削减等方面形势依然严峻”[①]。新华社2009年发布的报道称，从2001年至2007年，国家为“三河三湖”水污染治理投入910亿（人民币）财政性资金及银行贷款，但“整体水质依然较差”，太湖、巢湖和滇池的平均水质仍为Ⅴ类或劣Ⅴ类[②]，蓝藻时有暴发，水危机事件屡屡发生。此外，国家环保部门启动的“区域限批”和“流域限批”等环保风暴，同样未能有效遏制水污染。河湖之殇的修复之艰，由此可见一斑。

在水污染形势异常严峻的背景下，河长制应运而生。河长制是在既有治理机制失灵背景下产生的非常规治理机制，是因水污染治理失灵这个“老大难”痼疾而产生的应急机制。经过多年的地方实践、经验积累和绩效检验，国家于2016年底在全国推广河长制，使之走向制度化。中共中央办公厅和国务院办公厅（以下简称中办和国办）发布的《关于全面推行河长制的意见》，将其视为“解决我国复杂水问题、维护河湖健康生命的有效举措”以及“完善水治理体系、保障国家水安全的制度创新”。当前，中国各地都在实施河长制，并将之视为水污染治理制度创新的突破口和“牛鼻子”。

河长制是水污染治理的重要抓手，解决了很多突出矛盾，推动了水生态文明建设。当然，其运行过程中也存在不少问题，需要学界加以审视。事实上，笔者2008年在太湖流域开展田野调查过程中接触到了河长制，初步收集了一些调查资料。这是笔者与河长制的首次“面对面”的接触。之后，因为环境社会学研究的缘故，笔者一直关注着这项治水制度的发展与演变，但从未展开过系统性的学术研究。随着河长制上升为国家层面的治水制度，这方面的研究成果大量涌现。但是，笔者发现，部分学者关于河长制起源的分析并不准确，需要匡正。同时，河长制创新扩散研究中也有很多问题需要进一步探讨，由此促使笔者对此开展聚焦性研究。

二、研究问题

河长制首次引起媒体和学界关注是在2007年的太湖蓝藻事件[③]暴发之后。从

---

① 卢新宁：《环保总局：“三河三湖”治理进展缓慢》，《人民日报》2004年2月17日，第11版。

② 皮曙初，廖君：《“三河三湖”水污染治理追踪：910亿元收获了什么》，中国政府网2009年11月10日，http://www.gov.cn/jrzg/2009-11/10/content_1460935.htm，访问日期：2019年7月29日。

③ 20世纪90年代后，太湖多次暴发规模较大的蓝藻事件。为表述简略计，如无特殊说明，本研究所说的太湖蓝藻事件专指2007年的事件。

2007年到2016年，河长制研究方面出现了一些文献，但整体来看，这项研究呈现出成果不多且缺少系统性的特征。随着2016年12月国家全面推广河长制，很多学科都开始关注这一议题，研究文献呈现出井喷式增长态势。同时，与之前的研究成果发表阵地相比，《中国社会科学》等权威期刊纷纷刊发河长制研究成果。另外，英文期刊也开始发表这一议题的研究成果。综观已有研究成果，尽管成果数量快速增长，但有些研究观点值得商榷，还有不少议题有待深化，主要表现为以下三个方面。

首先，河长制的起源亟待深入考辨与甄别。在河长制上升为国家层面制度安排之前，学界、传媒界和政界都一致认为它起源于江苏省无锡市为应对蓝藻事件而创新的治理机制。然而，无锡市的河长制亦非凭空产生，它是当地对自20世纪90年代以来的多种治水机制以及地方知识加以整合而成的一种治水制度。在河长制被吸纳为国家政策后，浙江省长兴县积极宣传，认为河长制源自该地，由此出现了起源争论。需要指出的是，云南省洱源县在此之前也实施过河长制，但宣传不足等因素导致外界对其知之甚少。除此之外，还有一些研究将河长制的起源追溯到历史早期，但这与现代河长制并非一回事。关于这些问题，学界尚未进行甄别，亦未给予回应。

其次，河长制创新扩散研究的方法存在缺陷。现代社会是一个网络社会，一般情况下，热点事件和重大问题都会在互联网留下媒体报道和网民讨论的线索与痕迹，这为学术研究提供了很多便利，也是现代学者的“福音”。但是，基于痕迹分析的研究方法存在其固有的缺陷，需要引起学界应有的审视。比如，没有“问题化”的议题，网络痕迹往往很少甚至存在空白。故而，如果沿着网络痕迹开展研究，需要通过实地调查加以求证和校正。在河长制创新扩散研究方面，多数是基于互联网检索数据和新闻报道资料开展的。但是，有些地方在自主推行或学习借鉴河长制时没有发布新闻报道，没有在互联网留下痕迹。简言之，对官方宣传资料以及媒体报道资料的过度倚重，以及实地调查和第一手档案资料爬梳方面的双重不足，导致了河长制创新扩散研究的缺陷。事实上，这需要学界对过度倚重网络痕迹的方法予以深刻反思，同时再次提醒我们需要重温并践行“行行重行行”的精神，开展深入的田野研究。

第三，河长制的创新扩散研究需要深化。一方面，现有研究忽视了对一个重要问题的回应，即为什么有的地方推行的河长制遭遇了创新孤岛效应，而有的地方一推出河长制就实现了创新扩散？另一方面，现有研究集中于制度创新的地域扩散和国家吸纳方面，但政府创新在取得成效后往往会出现一个新趋势，即治理机制泛化问题。近年来，很多领域都在学习借鉴河长制经验，出台实施了很多新型“长制”，那么，如何理解这种现象？

基于已有研究的上述缺陷，本研究旨在对河长制的生命史做全景式分析，由此提出的总体性研究问题是，河长制的地方试验及其创新扩散逻辑是什么？在这一总体性问题下，笔者将探讨以下问题：河长制这项非常规治理机制是如何产生和发展起来的？如何实现常规化和制度化的？又为何出现治理机制泛化这一现象？其背后的结构性因素是什么？在某种程度上，本研究是关于河长制地方试验及其创新扩散的一部“传记”，力图系统地分析河长制的起源及其创新扩散过程与机制。在分析和阐释过程中，本研究将河长制放置在国家治理和环境治理的历史进程中加以分析和检讨，从国家治理的历史维度中加以探究。

第二节
概念界定与厘清

一、河长制

公众对河长制的认知与理解经历了由模糊到清晰的过程，不少人初识这一概念时还会发错音。比如，笔者 2018 年 5 月在广西壮族自治区贺州市调研期间，一家企业的部门经理在谈及环境治理时提到当地已经建立了河长（cháng）制。可以判断的是，他可能看到过河长制公示牌，但并没有准确理解其含义，所以才会误读。关于河长制的概念，法规条款和地方志文献都做了相应的界定。

首先，法规定义。作为中国的第一项河长制地方性法规，《浙江省河长制规定》对河长制的定义是：在相应水域设立河长，由河长对其责任水域的治理、保护予以监督和协调，督促或者建议政府及相关主管部门履行法定职责、解决责任水域存在问题的体制和机制①。

其次，地方志的定义。《太湖志》融合相关文献对河长制做了综合性定义，认为河长制是各级党政主要负责人担任河长，负责辖区内的河道综合整治，采取“一河一策”的方法，制定水环境综合整治方案，按照“领导包推进”“地区包总量”“部门包负责”的基本原则，协调推进河道水环境整治（水利部太湖流域管理局 等，2018：422）。这一概念主要来自对无锡市河长制运行机制的总结。

河长制从萌芽到概念的提出再到制度化经历了较长的时间，其内涵也随之发生了相应的变化。总的来看，它是地方政府对国家和水乡地区实施的多种环境治理机制加以整合创新而形成的水污染防治制度②。具体而言，河长制最初是基于不变体

---

① 参见《浙江省河长制规定》，2017 年 10 月 1 日起施行。

② 无锡市水利局和无锡市水利学会认为，河长由全市各级党政领导担任，他们负责辖区内河流的水环境治理和水质改善，其实质是领导督办制、环保问责制所衍生出来的河道水环境管理制度。作为所负责河道的第一责任人，河长对水生态、水环境质量持续改善和断面水质达标负领导责任，负责牵头组织河道综合治理，抓工作推进和横向协调，落实长效管理措施。参见无锡市水利局、无锡市水利学会：《无锡市“河长制”管理工作实施后评估报告（审查稿）》（内部资料），2014 年。

制变机制原则，对环境保护行政首长负责制、社会治理的地方知识和历史遗产加以融合创新而产生的水污染防治的责任制。其中，无锡市的河长制是在农村河道长效管理责任制基础上发展起来的，是基于水污染和水危机的倒逼机制而产生的应急机制，其初衷在于通过责任包干和领导责任状等制度牵引以及行政资源的高位推动，解决水污染治理失灵问题。上升为国家层面制度安排后，河长制成为一项重要的治水制度。此后，河长由地方主要领导干部与村(居)委会负责人担任，河长的使命不再局限于水污染防治，而是涉及“六大任务”(“加强水资源保护”“加强河湖水域岸线管理保护”“加强水污染防治”“加强水环境治理”“加强水生态修复”“加强执法监管”)。此外，河长制不再完全是行政首长负责制，而是党政同责制，各级河长都需要就其“责任河”涉及的“六大任务”开展工作。通过责任划定和责任包干，河长治水呈现出了责任制逻辑，而其运行主要依据自上而下的压力传导机制。

综上所述，河长制是中国环境治理地方试验的一部分，体现了地方革新精神。在河长制这一概念中，“河”指的是水体(河流、湖荡等)，“长”指的是地方各级领导干部以及村(居)委会负责人，“制”则是一种制度规范或曰使各级河长为水体治理负责的制度。相应地，河长制指的是由各级河长对水体治理负责、并辅以相配套的制度供给(联席会议制度、巡河制度、“一河一策”制度、问责制度以及激励机制等)的治水制度。换言之，河长制是基于中国科层制的组织优势，通过责任包干制和压力传导机制而运行的治水制度。

二、地方试验

德国学者韩天博(Sebastian Heilmann)将由地方发起改革和试验，取得成功之后上升为国家政策继而推广到全国的政策过程，称之为政策试验(韩天博，2018：5)。他还将中国的这种制度创新称为“红天鹅”现象(Red Swan)，认为这需要引起社会学家的广泛关注。不过，需要注意的是，韩天博所说的政策试验主要指的是地方政府经上级或中央授权所开展的地方试验。

试验与试点是中国国家治理、制度变革和政策革新中的常用方法。现有研究常常将二者混用，将试验与试点等同起来。二者确实都具有“摸着石头过河”的属性，但是，试验与试点的边界并不完全一致。从地方自由裁量权和探索的侧重点来看，试点偏重地方政府根据中央政府或者上级政府授意而为，而试验则更加侧重地方的自主探索。改革开放以来，地方政府主导的创新试验主要集中在经济发展与民生领域，学界已有研究亦主要集中在这些领域。随着环境问题的日趋严峻和国家对生态文明建设重视度的增加，地方政府在环保领域开展了不少地方试验，其中，具有代表性的地方试验主要包括河长制、五水共治、环保垂直改革、新安江流域生态补偿等。本研究所探讨的地方试验聚焦于环境治理领域，指的是地方政府自主开展的环境治理行动。具体而言，本研究聚焦于河长制这一治水试验。

三、创新扩散

创新扩散(Diffusion of Innovations)研究始于20世纪60年代，早期主要研究农业技术的创新扩散，探讨新技术如何在不同的受众中得到推广和采用。罗杰斯(2016：7)认为，“扩散指的是创新在特定的时间段内，通过特定的渠道，在特定的社群中传播的过程”。后来，政治学和公共管理学等学科开始研究政府创新行为的扩散及其基本规律。

本研究所探讨的创新扩散，指的是河长制的创新扩散，即河长制这项地方试验的发轫及其区域扩散、层次升级(被国家政策吸纳)以及趋于泛化的基本过程和主要逻辑。创新扩散是一个复杂的社会过程，它既取决于地方试验产品本身的生命力、媒体与学界的建构以及创新扩散地的需求程度，更无法脱离特定时空背景下的政策与制度环境。

第三节
篇章结构

一、行文逻辑

中国环境问题形势严峻，很多治理实践在取得成效的同时也遭遇了一些困境。在理论层面，不同理论对环境治理的路径及其前景存在着分歧甚至持有截然不同的立场。

以“生产的跑步机”(The Treadmill of Production)为代表的理论认为，资本主义及其生产制度与方式导致了环境恶化和治理失灵。在全球政治经济体系没有系统变革的背景下，环境问题是“无解”的(Schnaiberg，1980；Schnaiberg et al.，1994；Gould et al.，2008)。其实，这一理论具有较强的普适性，对于其他国家的环境问题亦不乏解释力。此外，戴慕珍(Oi，1992)提出的“地方政府法团主义”(Local State Corporatism)、魏昂德(Walder，1995)提出的“地方政府即厂商”(Local Governments as Industrial Firms)以及国内学者周黎安(2004，2007)提出的晋升锦标赛、荣敬本(荣敬本 等，1998；荣敬本，2013)等人提出的压力型体制等理论，探讨了经济发展与地方政府的利益耦合问题。事实上，这在很大程度上亦为中国环境问题久治不愈现象提供了理论注脚，即地方政府过于重视经济发展而忽视环境保护，使得环境问题愈演愈烈。但是，这些理论忽视了中国地方政府的能动性及其韧性，随着国家环保政策从紧、地方经济发展提质和公众环境意识的提升以及利益受损者的环境抗争倒逼，具备产业转型基础的地方开展了很多环境治理试验，有的还被吸纳为国家层面的政策。

以生态现代化理论(Ecological Modernization Theory)为代表的学术思潮，则对环境治理持乐观态度，认为通过国家干预、技术革新、市场介入以及公众参与等路径，环境问题能够得到解决(Huber，2000；Janicke，2008；Mol，1996；Mol et al.，2000)，这受到了国际学术社区和政策研究部门的广泛关注。当然，该理论也面临着不少解释困境。一方面，它的实践基础主要是欧洲特别是西欧经验，在其他地方是否适用依然需要检验。另一方面，它忽视了全球不平等的结构。根据世界体系理论(World System Theory),全球存在着“中心—半边缘—边缘”的结构,位居中心的发达国家从全球汲取资源,并且能通过出口等路径将废弃物转移给发展中国家。而对于后者而言,他们不但承担了废弃物的处置工作,而且往往需要将优质资源出口给发达国家以换取外汇。上述两点是生态现代化理论无法回避的问题。从本研究来看,它虽然重视环境治理的各种政策工具,但是忽略了具有鲜明中国特色的地方试验。正是大量的“先行先试”以及“由点到面”的创新扩散,中国的环境政策体系臻于完善,环境治理体制机制得以创新和发展。当然,地方试验运行中也存在不少问题。

本研究旨在探究水污染治理的地方试验。根据是否被国家吸纳和推广这一基本走势,笔者将地方试验分为两个基本类型。一是“只下未上”型,即地方试验仅仅在试验地探索与实践(有的成功,有的失败),但并未被国家吸纳,也没有推广开来。二是“自下而上”型,即地方试验取得成效后,吸引国家注意,进而在全国范围内推广。它们分别包括以下几种亚类型(见图 1-1)。

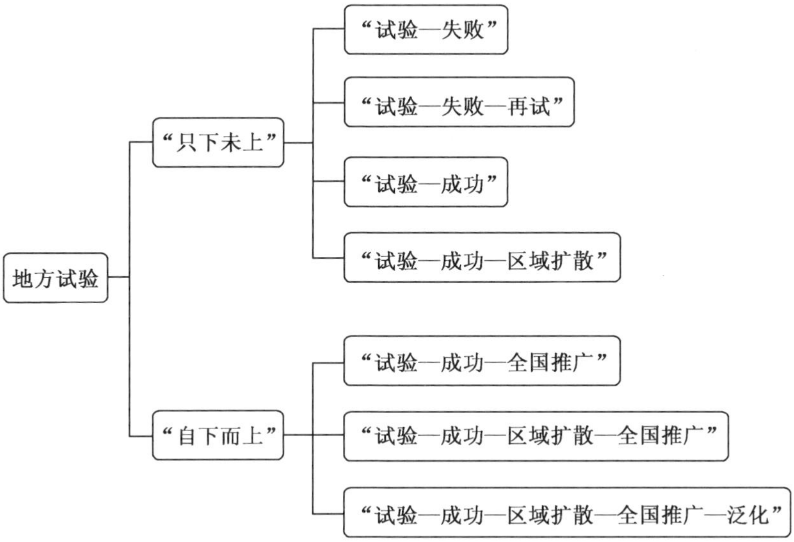

图 1-1 地方试验结果的类型

如图 1-1 所示,根据环境治理的绩效及其演变走势,地方试验可分为两大类型、七种亚类型。其中,“只下未上”类型包括四种亚类型。一是“试验—失败”类型。有些地方试验是形象工程或“花架子”,没有形成可操作化的行动方案抑或不具有可操作性,最终不了了之,即以失败而告终。二是“试验—失败—再试”类型。为破解环境治理的体制机制障碍,地方政府积极开展制度创新,但运行一段时间后遭遇重重困境,无法维系和运行下去。后来,在国家政策引导或其他因素作用下,地方政府进行再探索和再试验。沈阳环保垂直管理实践就是这方面的典型案例。沈阳市 2008 年 4 月开始探索环保垂直管理，但 2015 年 5 月(运行 7 年后)因为难以为继而不得不放弃，回归到属地管理。2015 年 10 月(宣布取消垂直管理 5 个月后)，党的十八届五中全会提出“实行省以下环保机构监测监察执法垂直管理制度”。2016 年 9 月，中办和国办印发《关于省以下环保机构监测监察执法垂直管理制度改革试点工作的指导意见》。在此背景下，沈阳继续探索环保垂直管理的实施方案①。三是“试验—成功”类型。创新试验取得了成功，但囿于本地施行，尚未实现区域辐射。比如，江苏省的“263”专项行动②和浙江省的“五水共治”③虽然取得了很多成效，但尚未在其他地方推广开来。四是“试验—成功—区域扩散”类型。创新方案试验后不仅取得了积极成效，而且实现了空间辐射或引起其他区域的主动学习，即实现了创新扩散，但并未在全国推广开来。

“自下而上”型即地方试验最终演变为国家政策，它包括三种亚类型。一是“试验—成功—全国推广”类型。地方试验取得成功后，未经其他地方的实践检验，就受到中央政府的高度肯定，并得到了全面推广。这种情况是非常罕见的，中国自下而上的政策试验往往都需要经过反复试验和实践检验后才会全面铺开。这即第二种亚类型，“试验—成功—区域扩散—全国推广”类型。这意味着创新试验取得成效后，先是实现了区域辐射，而后演变为国家层面的制度安排。三是“试验—成功—区域扩散—全国推广—泛化”类型。地方试验取得成效，实现区域扩散并经过实践检验而后演变为国家层面的制度安排，此后再产生效应，出现了大量模仿现象。本研究选取河长制这一地方试验，沿着“自下而上”型的第三种亚类型即“试验—成功—区域扩散—全国推广—泛化”的演变脉络展开研究。

二、基本结构

本研究围绕河长制的地方试验及其创新扩散过程展开。实体部分包括河长制的雏形与起源(第三章)、地方试验的区域扩散(第四章)、地方试验的层次升级(第五章)、河长制治理机制的泛化倾向(第六章)以及河长制运行中的不足(第七章)等五个部分。

---

① 岳家琛，徐茂祝：《一场回到原点的探索沈阳环保垂直改革：七年阵痛》，《南方周末》2016 年 11 月 17 日，http://www.infzm.com/content/120922/，访问日期：2018 年 10 月 1 日。

② “263”专项行动指的是“两减六治三提升”。其中，所谓“两减”即减少煤炭消费总量、减少落后化工产能，所谓“六治”即治太湖、治垃圾、治黑臭、治畜禽、治 VOCs 以及治隐患，所谓“三提升”即提升生态保护水平、提升环境经济政策调控水平和提升环境监管执法水平。这是江苏省委省政府 2016 年底提出的环境治理专项行动。为推广该专项治理，全省自上而下成立了“263 办公室”。

③ “五水共治”指的是治污水、防洪水、排涝水、保供水和抓节水。这是浙江省委省政府 2013 年底提出的治水举措，全省自上而下成立了“五水共治办公室”。

另外，本研究还包括绪论（第一章）、文献综述与研究方法（第二章）以及结语（第八章）。

作为绪论，第一章旨在阐述研究背景与研究问题、相关概念和篇章结构。第二章是文献综述与研究方法。文献综述是为了梳理与本研究相关的议题，分析现有研究态势并查遗补缺，从而推动本项研究。研究方法部分侧重方法论思考，旨在结合河长制溯源方面的反复寻觅历程，阐述网络痕迹及其为学术研究提供诸多便利的情况下，加强田野调查、档案资料爬梳以及对既有文献甄别的重要性，进而阐述重温和践行费孝通先生倡导的"行行重行行"精神的重要性。

第三到第六章沿着起源考辨和创新扩散的轨迹展开研究。在起源考辨部分，笔者先对河长制起源的"鲧说"和"苏轼说"进行甄别，然后对河长制不同起源点及其探索实践加以梳理。笔者将从地方政府应对缺水社会的环境挑战、自上而下的考核压力、水污染治理的体制机制障碍以及开发利用社会治理中地方知识等方面梳理河长制产生的结构性诱因。在此基础上，本研究将探讨河长制的不变体制变机制属性。在创新扩散的第一阶段即河长制的自主扩散部分，笔者先阐述地方试验的创新孤岛效应及其诱因，而后阐述它在争议中实现快速扩散的基本过程及其驱动机制。在层次升级部分，笔者将在分析河长制上升为国家政策的基本过程以及演变为国家政策后出现的新变化基础上，着重阐述地方试验向国家层面制度安排演变的政策环境。在治理机制泛化部分，本研究旨在分析治理机制泛化的基本表现、内在逻辑及其风险。

河长制运行中的矛盾与不足是本项研究无法回避的客观问题。因此，第七章既对河长制的结构性矛盾进行诊断，也探讨民间治水机制的创新扩散以及"民间河长"的名实之别。本部分将先阐述"官方河长"运行中的主要矛盾，而后在阐述"民间河长"起源与地方实践基础上分析其面临的主要问题。最后一部分是全书结语，一方面回应全文，另一方面就中国治水现状展开反思、分析。

第二章 文献综述与研究方法

在工业化、城市化以及现代生产生活方式影响下，水污染问题日趋严峻而复杂。水污染导致了一系列的社会矛盾，中央和地方政府开展了一系列的治污实践。回顾这一领域的相关研究成果，是开展本项研究的基础。就研究方法而言，网络痕迹为学术研究和大数据分析提供了诸多便利，但学界必须加强田野调查，并注重对已有文献和既有观点的考证与甄别。

第一节 文献综述

迄今为止，如何根治水污染仍然是一项世界性难题。面对自上而下的考核问责、民众的环境抗争以及国内外的舆论压力，地方政府开展了很多试验或依循上级政府要求开展了相应的政策试点。正是基于这些"先行先试"及其创新扩散，国家的环境政策得以不断完善和优化。本研究探讨的是地方政府探索的水污染治理试验及其创新扩散。由此逻辑出发，与本研究相关的议题主要包括以下几个方面。

一、水污染及其治理研究

在工业化和城市化浪潮中，几乎所有的江河湖泊都因环境污染和生态破坏而失去或失去过生命力。对于公众而言，"望得见水"一度成为匮乏的奢侈品。环境史和环境社会学等领域的学者通过"生态传记"的方式对此予以了深描和刻画。其中，环境史的研究成果为学界理解历史上的水污染提供了珍贵的档案资料，环境社会学则强调对水污染及其治理的社会文化机理的揭示。

欧洲工业化起步早，河流污染问题暴露得也早。其中，莱茵河和泰晤士河颇具代表性。欧洲西北部的重要河流莱茵河，在为工业化做出特殊贡献的同时逐渐失去生态底色。美国学者马克·乔克(Mark Cioc)在《莱茵河：一部生态传记(1815—2000)》中描述到，随着工业化的开启，"企业家崇尚河流能促进经济进步，但对环境自由放任"，久而久之，"莱茵河地区的煤炭、钢铁和化工工业的持续污染"导致了严重的河流生态灾难。此外，工业和城市将"毒素引入水域，最终剥夺了河流生态的多样性"。由此，莱茵河中的大马哈鱼、西鲱、鲟鱼走向灭绝，生物多样性迅速降低(马克·乔克，2011：2-4)。泰晤士河被誉为英国的"母亲河"，但同样因为工业化和城市化而成为城市排污的"臭水沟"。社会学家乌尔里希·贝克(Ulrich Beck)转述过这样一则"记述"，在19世纪的一起沉船事故中，落入泰晤士河里的水手并非因溺水而亡，而是因为吸进河道中的恶臭和有毒的水汽导致窒息[①](贝克,2004:18)。事实上,当时有很多河流变成了臭水沟,这是英国民族声誉中的最大污点(梅雪芹,2013)。

企业的肆意排污行为在美国同样导致了环境灾难。Dan Fagin 对汤姆斯河工业污染问题的深描为此提供了重要素材。在 20 世纪 50 年代,世界化工巨头汽巴、嘉基和山德士纷纷到汤姆斯镇建厂。这些大型企业为当地带来了经济繁荣,但是,企业管理者忽视或轻视工厂对河流和地下水的污染,也对当地的生态造成了严重破坏。"污水池有时都会溢出,没溢流的时候大量的污水也在渗入地下水中,因为大部分池子都没有防渗膜。"此外,化学污染物甚至直接排到下游的水井,而那里是全镇的饮用水(丹·费金,2015:61-62)。费金在阐述污染及其对公众健康影响的同时,还分析了化工企业和水务公司等机构的合谋以及他们对公众健康利益的漠视,呈现了环境事件中的阶层分化和底层维权困境,而这在环境问题中具有很强的普遍性。

在亚洲,日本环境公害导致的环境灾难为全球所熟知(饭岛伸子,1999:16-35),比如,水俣病(Minamata Disease)导致了沉重的环境灾难(Funabashi,2006)。环境公害存在着社会分层,其对不同社会群体的影响存在显著差异,底层是直接的受害者且诉求声音难以发出。雷布特·雷·沃克(2012:82-84)对神通川流域的污染问题予以了深描。据其考证,神冈矿区在选矿过程中,尾矿被冲进高原直泰河,最终流入神通川流域,"每年有数百吨重的粉末状镉和其他重金属流入神通川河"。生态灾难导致公众遭受严重的健康受损问题,其中,很多已婚女性患上了镉造成的软骨病和骨质疏松症。而这既与污染的客观事实有关,也与明治政府关于"好妻子好母亲"的社会规范和日本文化关于女性之美的标签存在着内在关联。其中,前者让"家庭主妇和在外工作的妇女不同程度地遭受了镉中毒",后者则因日本文化认为"美女应该拥有雪白的肌肤(并把浅色皮肤定义为国家的主流肤色)",故而,"农村妇女用布把自己包裹起来抵御阳光",但这导致她们体内的维生素 D 流失,而这种维生素能降低患病风险。可见,健康受损不仅与污染本身相关,还与文化联系在了一起。

中国的水系发达,水污染问题同样十分严峻。在"大跃进"期间,大炼钢铁和毁林开荒,导致了比较突出的水土流失和水污染问题。而整体上看,在 20 世纪 70 年代前,中国的河流污染呈现出的是散点分布态势。20 世纪 80 年代后,水污染日趋严峻。早

① 随着工业革命的兴起及两岸人口的激增,泰晤士河迅速变得污浊不堪。1878 年,"爱丽丝公子"号游船不幸沉没,造成 640 人死亡。但大多数遇难者并非溺水而死,而是因污染中毒而死亡。20 世纪 50 年代末,泰晤士河水中的含氧量几乎等于零。此外,1849 年到 1954 年,滨河地区约 2.5 万人死于霍乱。参见:《泰晤士河:污染死寂足足 150 年》,搜狐网 2006 年 7 月 13 日,http://news.sohu.com/20060713/n244232375.shtml,访问日期:2019 年 6 月 20 日。

期研究由环境工程专家主导，到了 90 年代末期，社会学家开始就此展开研究。其中，陈阿江(2000)是最早介入且是对水污染开展系统研究的社会学家。他认为，“环境污染问题主要不是科学技术问题，而是经济社会问题”。陈阿江从不同纬度就水污染产生的原因和治理困局进行了解释：他用“文本法”与“实践法”的分离解释环保法律被悬置的机制，用从“外源污染”到“内生污染”解释水环境恶化的社会文化逻辑，用“次生焦虑”(中国在追赶现代化中产生的社会性焦虑)解释中国环境问题恶化的社会文化根源(陈阿江，2010)。水污染导致了很多的社会问题，包括公众健康受损、环境抗争、社会冲突甚至社会失序等。易明(2011)在《一江黑水：中国未来的环境挑战》中，展现了淮河流域水污染及其引发的政治和社会问题。2004 年 8 月 9 日，中国中央电视台《新闻调查》播出的《河流与村庄》，聚焦淮河流域黄孟营村，讲述了水污染与村民健康问题，提供了水污染与健康关联的生动档案。而陈阿江(2013)的研究发现，水污染与健康之间的关联比较复杂，并非我们看到的那样简单，而是受到多重因素的影响。基于人水关系中的多重链条，陈阿江(2008)将人水关系划分为两种类型。一是人水不和谐类型，表现为水污染导致居民罹患疾病，影响经济发展，诱发贫困、返贫以及人口迁移，加剧社会分化与社会不平等；二是人水和谐类型，即良好的水环境产生了良好的经济效益，进而促进了社会的整体发展。

水污染导致了一系列的灾难，但围绕环境治理达成社会共识并不容易。比如，英国水污染治理存在着利益相关者的博弈，地方当局、企业主以及因河流污染暂时受益的居民都反对水污染治理，其治理过程也引发了社会各阶层的利益纷争(毛利霞，2015)。直到 20 世纪 70 年代，莱茵河河滨的国家才“真正开始对 200 年以来的随意妄为的生态灭绝进行修复式补偿”(马克·乔克，2011:4)。水污染治理是一场“拉锯战”，泰晤士治理前后历时 150 余年，为“拉锯战”提供了有力的注脚。就中国而言，国家自 20 世纪 70 年代就开始开展水污染治理，但效果并不显著。水问题涉及一套系统的管理体系(陆益龙，2004:50)，很多时候，即使经环保部门许可的排放也会使河流水体受污染(李强 等，2005:132)，而治污的努力往往又被社会经济粗放发展带来的污染压力所抵消(宋国君 等，2007:430)。在依法治污方面，不少法律条款在操作中有难度，同时，“法律打架”(各种法律规定之间相互矛盾)和“依法打架”(执法主体越权执法、选择性执法以及扭曲执法)问题不断(吕忠梅，2019)。此外，水污染治理还存在认知与行动的距离。尽管多数人已认识到水污染的危害，但只有少数人能够行动起来(陆益龙，2015)。直到生态文明建设上升为国家战略特别是国家环保督查机制的开启，水污染治理态势才发生根本性变化。但必须清醒地看到，水污染治理是一项系统工程，不可能毕其功于一役。中国正在开展的长江大保护、黄河流域生态保护以及河湖生态修复工程，事实上都是在为历史还账，而其真正修复并不是短期内就能完成的。压力传导机制在“治标”方面具有显著效果，而“治本”则需要构建长效机制，且需要很长的时间。

综上，水污染是学界广泛关注的问题。其中，社会学界聚焦于污染产生的社会机制以及治水失灵问题，提供了很多富有启发意义的理论思考。但是，社会学界对水污染治理的研究非常不足，对各地自主探索的地方试验缺乏深度观察和追踪研究。特别是，这些地方试验及其发轫的结构化诱因、创新扩散过程以及持续性等问题，尚缺少深度研究。简言之，学术研究与治水实践之间还存在着明显的距离。

二、河长制及其创新扩散研究

河长制是基于多种环保政策和地方智慧整合创新而形成的一项治水制度，从孕育到全面推广经历了较长的时间。河长制的早期研究成果发表阵地集中于水利和水资源类期刊，而后扩大到环境科学类、法学类、政治学类和综合性学术刊物。早期研究对河长制的创新价值和实践意义论述颇多，认为它是中国环境治理的希望所在。当然，也有少数研究在分析其治理绩效基础上辩证地阐述了其内在的局限与缺陷。学界研究与河长制的全面推广以及由此产生的媒体建构和舆情效应具有一致性：上升为国家层面制度安排后，学术文献呈现出井喷式增长态势。目前，这些研究主要集中在政治学、公共管理学和法学等学科，社会学的研究成果相对不多。

首先，河长制的运行机制研究。河长制是基于“压力型体制的行政责任包干制”（詹国辉 等，2019），而现在则已经演变为党政责任包干制。李波和于水（2018）认为，河长制并非基于责任制驱动，而是基于压力型体制而运转。他们将压力型体制划分为竞标压力型和达标压力型两种类型，其中，后者驱动着河长制的运转，通过“资格锦标赛”和“合力式治理”两种策略，使得治理效率得以显著提升。常铁军与元帅（2018）认为，河长制是对传统河流治理方式的彻底重塑，也是“对权力结构和权力运行机制的调整”。还有研究认为，河长制推动了跨域河流治理从“弱治理”模式迈向“权威依赖治理”模式（熊烨，2019）。可能正因为如此，有学者认为河长制是地方政府基于法律供应不足的现实情况而采取的“一种务实态度和现实智慧”（刘超 等，2012），某种程度上是一种不得已而为之的治水策略。在这种治水机制中，河长制使得“地方权力的金字塔顶端与环境发生了直接联系”（李永健，2019）。同时，通过层层发包，河长制打通了流域治理的“最后一公里”（吕亚奇，2018）。也有学者认为，河长制可以在短期内取得一定程度的成功，但这可能是运动式治理的结果，这种方式迫使政府集中人力物力，在短期内解决那些悬而未决的问题（Dai，2015）。简而言之，压力型体制驱动着河长制的自上而下运行。通过“领导挂帅”，河湖治理进入地方政府的“中心工作”，水污染治理获得了更多的治理资源，这显著改变了过去的治水结构，继而提升了治水效能。

其次，河长制的局限及其反思性研究。无论是在创设之初还是全国推广之后，河长制都存在不少矛盾。一方面，过于依赖长官意志使其饱受诟病。学界普遍认为它是基于目标任务的运作逻辑，并非法治规则下的制度安排（詹国辉 等，2019）。河长制的典型特征就是对行政权威的高度依赖和“信息的纵向流动”并且“排斥社会力量”（熊烨，2017）。它虽然较好地解决了协同治理的“权威缺漏”困境，但却面临着“能力困境”“组织逻辑困境”和“责任困境”（任敏，2015）。“集中与民主”“统一与多元”“临时与长治”的内在张力（王勇，2015）亦是河长制遭受抨击的重要靶点。有研究认为，河长制运行中强化了政府主体的作用与功能，弱化了市场与社会机制的功能；强化河长职能的同时亦削弱了原治水部门的职能（沈满洪，2018）。显然，过于依赖长官意志，使得河长制潜伏着危机（Chien et al.，2018）。另外，治水专业性需求和某些地方政府追求政绩冲动之间存在着深层次矛盾。有学者认为，各级河长不具备治水的专业知识，常常“强调感官水质改善，而对河流中深层次污染物质缺乏治理动力和长期发展规划”（高家军，2019）。有的研究发现，河长制的实施“显著增加了水中的溶解氧”，但是“并未显著降低水中深度污染物”（沈坤荣 等，2018）。在制度肇始阶段，这些矛盾尤为突出。因此，很多学者将之视为“应急之举”“应付之举”“应景之举”，而非治本之策。学界主张“摒弃长官意识”，深刻反思环境治理的制度设计及执行力问题，建立长效的环境治理模式（肖显静，2009）。另一方面，协同治理困境是河长制的又一不足。河长制运行中存在上下级协同、跨部门协同和政社协同的挑战，以及协同治理手段的阙如与失当等矛盾（颜海娜 等，2019）。为推动协同治理，很多地方积极推动政府、市场与社会的合作与互动，但实践中仍有困窘。有研究表明，河流治理中构建了以政府购买服务为主的市场化推动、以双河长制为代表的授权合作、引导公众参与的公益合作等政社合作模式，但在实践中“定向购买、科层制弊端、公益合作基础条件的缺失”导致了协同治理陷入制度化困境（田家华 等，2018）。朱德米（2020）认为，河长制运行的体制、机制和技术匹配度较低，存在着“治理效能不高及治理效果难以持续”的挑战。此外，河长制能否适应流域治理需求也是学界关注的重要话题。曹新富与周建国（2019）认为，河长制存在“流域分级分段治理与流域整体性治理之间的裂痕”“流域领导包干治理与流域系统治理之间的矛盾”和“流域科层治理与流域多元共治之间的鸿沟”等。黎元生等（2017）认为，“河长制没有触及我国流域治理体制机制的根本性变革，它难以解决我国流域生态服务供给机制的诸多体制机制性缺陷”。可见，在学界掀起的“大讨论”中，河长制不乏拥趸者，但也不缺尖锐的批评者。从治水实务层面来看，上述批评为河长制制度更新与政策完善提供了重要依据。比如，近年来，国家和地方积极推动河长制政策制定以推动长效治理，构建“志愿者河长”“老舅妈河长”“社工河长”“企业河长”等治水体系以推动政社合作与协同治理，设立“联合河长”与“跨界河长”以推动流域治理，等等。

再次，河长制的创新扩散研究。作为一项“由下而上”演变型的治水制度，河长制的创新扩散原理引起了学界的广泛兴趣。有研究认为，河长制创新扩散在空间层面呈现出“由华东、东北、西南地区逐渐向西北、青藏地区扩散”的路径，具有显著的跨区效应、邻近效应、轴向效应和集聚效应（钟凯华 等，2019）。很多研究验证了创新扩散的经典理论。比如，有研究认为河长制的扩散进程符合创新扩散的一般规律，比如，时间方面呈现出S曲线或近似的S形、空间方面呈现临近效应等（陈景云 等，2018；王洛忠 等，2018）。还有学者研究了江苏省的河长制创新扩散，认为其经历了“省级政府吸纳推广”“省级政府倡导下的地级市自主转移”和“省级政府强制性推广”三个阶段，也即经历了“自愿—倡导—强制”的演变历程，体现了政府介入强度持续深化的特征（周建国 等，2017）。本质而言，河长制之所以能扩散开来，很大程度上是因为它契合中国环境治理特质，即主要领导的注意方向及其注意力决定了环境事项的推进速度和解决程度。整体上看，既有研究受西方创新扩散理论的影响较大，而这些研究存在着一个共性缺陷，即都忽略了对河长制起源的深度考辨与甄别。

整体上看，河长制的研究成果数量分布存在着明显的时间分野。在2017年前，河长制的研究成果数量不多，发表期刊的阵地比较集中。上升为国家层面制度安排后，河长制的研究成果呈现出雨后春笋般的增长态势。但是，现有文献对河长制的源头和发展演变的历史脉络依然缺少深度研究。尽管浙江省长兴县借助大众传媒宣称其率先推出河长制，建构其首创产权，但学界尚未开展过深度的调查研究，没有对相关档案资料和地方文献加以深度梳理、考辨与甄别。此外，河长制实施后遭遇了不少质疑与争议。特别是在江苏省无锡市推广河长制之初及其随后几年，争论尤为明显。但不管如何争论，河长制在实践层面还是呈现出了强劲的扩散趋势，并最终成为一项国家层面制度安排。那么，如何理解这种创新扩散悖论？此外，地方政府积极激活社会力量治水，而“民间河长”的当下表现以及“民间河长”与“官方河长”的互动等问题同样需要更深入的研究。

三、地方政府创新及其扩散研究

20世纪60年代，以罗吉斯（也常译作罗杰斯）为代表的社会学者对农业技术创新扩散开展了很多研究，探讨技术在不同受众之间和不同区域之间扩散的基本原理（Rogers，1962；Rogers et al.，1972；罗吉斯 等，1988）。而地方政府创新扩散研究源于沃克尔(Jack Walker)1969年的研究(朱旭峰 等,2015)。地方政府创新被认为是制度变迁的重要一环。概括而言,地方政府的创新扩散指的是某地探索的一项制度或政策,被其他地方以及国家所采纳,得到更广泛应用的过程与现象。

在学术研究层面,学界对不同类型的地方政府创新开展了多维度的研究。其中,由中央编译局比较政治与经济研究中心等单位联合发起的“中国地方政府创新奖”及其案例,成为这一议题研究的主要素材之一。自2000年以来,该奖已经完成了8届评审,丰富的案例和素材推动了很多定量研究成果的发表。其中,政治学和公共管理学等学科基于“中国地方政府创新奖”素材开展了大量研究,旨在揭示地方政府创新及其扩散的规律、驱动机制以及可持续性等问题。

首先,地方政府创新的驱动机制是学界的研究热点。地方政府创新是一个社会系统,涉及多重要素。有研究认为,地方领导的“精英作用”和基层政策空间是主体力量(陈雪莲 等,2009)。但朱亚鹏等人(2016)提出异议,认为政府创新的政治过程非常复杂,不能笼统地归因于地方政府或主要领导人,且他们未必“具备推出创新理念和可行方案所必需的知识”,而“拥有信息优势和技术专长的技术官僚”基于部门利益和争取行政资源的动力机制,往往才是推动创新的关键力量。在知识社会与信息社会,专家和公众发挥着日益重要的驱动功能,然而,知识权威常常亦为相关利益诉求所左右。有学者基于“损失嵌入性”和“知识的复杂性”探讨了这方面的议题。比如,决策者所掌握的专业知识会影响政策变迁,与决策者网络联系紧密的利益相关者若是潜在的利益损失者,则可能表达反对意见甚至阻止政策革新(朱旭峰,2011)。政府创新需要具备结构化的条件,往往套嵌于特定的社会结构与制度安排之中。有学者探讨了创新行为的“发生学”,认为改革创新的意识形态、发展型地方主义、适度分权的央地关系等体制性空间,社会力量的成长及其诉求以及创新行为的效用,是地方政府创新的重要空间(吴理财 等,2018)。这一整合性的分析将国家、社会以及创新绩效纳入通盘考量范畴,提供了地方政府创新的整体性解释。还有学者认为地方政府创新要“与现有的社会结构、社会诉求进行嵌入”,这种嵌入既“能将社会力量与公众纳入创新的设计与实施过程中”,亦可使“政策创新与现有的社会环境进行良好的对接”和融合。该研究认为,社会嵌入对政府创新的持续性具有决定性影响(刘伟,2014)。社会嵌入视角具有重要的意义,阐释了政府创新与社会结构和社会动员的关联性。但是,如果认为它对创新的持续性具有“决定性影响”可能有失偏颇。事实上,社会嵌入是一项必要条件,而非充要条件,中央和上级政府的政策变化、社会矛盾的演变以及官员更替等,都会作用于政府创新方向及其持续性。

其次,地方政府创新类型与创新扩散路径研究。有研究发现,在我国地方政府创新中，管理、服务与合作创新是主要类型或位居主流，另外，技术创新与治理创新日益活跃。在行政层级层面，“地市和区县政府的创新精神更强”（吴建南 等，2011）。郁建兴与黄飚（2017）的研究表明，地方政府创新中具有显示度的创新机制包括自上而下的“设计试验”、“自主探索”以及“请示授权”，其中第三种类型是党的十八大以后出现的现象，指的是地方政府设计创新方案后“先请示高层级政府”，获正式确认并授权成为“试点”后再展开创新实践。杨志和魏姝（2019）将中国创新扩散路径划分为象征采纳、理性学习、上层吸纳和压力辐射四种路径，其中，前两种扩散态势分别表现为“短时间内具有微弱的空间扩散性”和“较强的时间持续性”，而上层吸纳和压力辐射则催生“强持续性”。朱旭峰和赵慧（2016）的研究发现，政府间的关系在社会政策创新扩散方面发挥着重要的助推作用。陈家喜和汪永成（2013）提出了政府创新的作用机理，包括上下逻辑、前后逻辑和左右逻辑。这一分析框架比较完整地呈现了创新扩散的基本维度，涉及创新扩散在央地之间、政策的前后延续性以及政策发源地与政策接受地之间的扩散逻辑。但是，该研究的“上下逻辑”忽略了其相对的一面，即地方试验的向上传播和扩散机理。除了自上而下的政策试点，很多地方还开展了自主探索，不少地方试验后来上升为国家政策。比如，家庭联产承包责任制、河长制等就是经由地方探索和实践后成为国家政策的。

第三，地方政府创新的可持续性研究。政府创新的生命力是学界关注的重要议题。可持续性指的是作为创新主体的地方政府，“通过控制、协调各创新要素，从而维持和增进创新的长期公共利益的过程”（王焕祥 等，2007）。有学者认为，地方政府创新的可持续性包括“时间存续性”和“空间辐射性”两个维度（傅金鹏 等，2010）。地方政府创新形式丰富、类型多样，但有很多创新项目出现了夭折或者不了了之现象，无法长期运转。在国内外，这都是一种普遍现象（莱特，2004；包国宪 等，2011）。因此，学界呼吁对这种地方社会治理创新“热潮”进行冷静的思考（胡宁生 等，2015）。俞可平（2019）注意到了学界对这种现象的关注，但他认为，政府创新可持续的关键“在于其要素的延续与扩散，而不在其形式的存续”。他将名称和形式发生改变但实质性要素保留下来，以及新的政府创新包含既有创新项目关键要素等情况，视为可持续性的表现。由此，他的研究发现，政府创新的持续性很高。显然，这与众多学者的界定存在根本性的区别，由此逻辑也引出了对政府创新持续性的不同判断。

整体上看，政府创新研究早期集中在经济改革领域，后来延伸到社会民生领域。现有研究对地方政府创新开展了大量研究，在地方政府创新的驱动机制、政府创新的持续性以及创新扩散机制等方面形成了丰富的研究成果。在学科归属层面，政治学和公共管理学的研究偏多，社会学的研究成果有限。在研究特点方面，基于多案例的定量研究成果较多，偏重整体素描与宏观分析的研究文献亦有不少，而对历时 10 余年的地方创新保持追踪研究和长期观察的研究成果不多。此外，现有研究忽视了创新扩散中的治理机制泛化这一现象。

四、环境治理试点与试验研究

政策试点肇始于中国共产党领导革命时期的工作方法，改革开放后成为“实事求是”的操作化工具，频频被应用于改革实践中（周望，2013：2）。李铁映（2007：725-727）指出，试点是改革取得成功的重要方法，是解决改革中重点与难点问题的有效手段。有效防控新政策或新制度推行过程中的改革成本与风险（郁建兴 等，2019：15），是试点这一机制的优势所在。作为“权力下放的实验主义策略”，试点遵循中央设定的总体目标，且“同时允许通过地方试点来检验中央的思路”，使中央改革的顶层设计获得地方经验支持（弗洛里妮 等，2013：6）。因此，政策试点被视为“中国特色的政策创新模式”（梅赐琪 等，2015），也被视作中国渐进式改革的核心机制之一（周望，2013）。很多国家都采用试点机制，但成效差别很大：很多发展中国家的试点项目“无疾而终”，而中国的很多试点项目则转化成了全国性行动纲领（韩天博，2018：67），这种差别背后的结构化诱因有待深入研究。

政策试点最初主要应用于经济改革领域，并被认为是中国经济腾飞的重要内生经验。后来，为推动环境治理，国家启动了一批环境政策试点。有研究表明，从 20 世纪 90 年代中期开始，环境保护成为政策试点领域。进入 21 世纪以后，中央加大了这一领域的政策试点与经验梳理（梅赐琪 等，2015），试点规模的增加反映了国家环境治理的紧迫性。学界在低碳城市试点（宋弘 等，2019）、排污权交易试点（虞锡君，2009）、生态补偿试点（杨爱平 等，2015）等方面开展了不少研究。这些研究成果集中在经济学、法学和管理学等学科。社会学界强调反思，对失败或收效甚微的政策试点开展了深度考察。比如，有学者对某地生活垃圾“计量收费”政策试点的研究表明，行政资源和目标的“漏斗”属性、试点的程式化和多点运作特征消解了试点的目的和作用，这是该项试点政策失败的重要原因（陈那波 等，2017）。还有研究发现，始于 2000 年的城市垃圾分类试点目标明确且试点城市的经济较为发达，然而经费投入并不充足，“在试点启动之后长达九年的时间中，市级财政并没有对试点工作进行实质性的投入”，导致试点浮于形式。此外，奖励以及专业技术支持不足等因素的叠加效应，致使政策虽试点多年却收效甚微（吴怡频 等，2018）。为破解水污染治理中的管理碎片化和机构之间的协同失灵困境，地方政府积极推动治理机制创新，开展了很多地方试验。比如，河长制、“五水共治”等都是地方政府在水污染治理方面的自主探索与地方试验。其中，河长制彰显了治理绩效，并于2016年底上升为国家层面制度安排。这种地方经验上升为国家层面制度安排，反映了中国基层创新和地方试验被吸纳到国家政策制定的路径当中的逻辑（Heilmann，2008）。

国内文献常常将试点与试验混用或者在同一含义层面使用这一概念。比如，周望（2013：11）认为，试点与试验是同义词，并用前者指代几乎所有的政策试点与试验行为。从学界的使用习惯和公众的日常用语表述来看，二者常常也被划上等号。然而，事实上，二者并不完全一致。其中，试点更加偏重自上而下的探索性行为，通常情况下，中央政府和上级政府会提供较为明确的线路图。授权方会鼓励地方政府“摸着石头过河”，但通常要求地方形成示范经验，为试点经验的全面推广提供基础。因此，地方政府需要在政策试点一段时间后提交“中期报告”以及“结项报告”。相比之下，对于政策试验而言，地方政府的自主探索或自我制度设计属性更强。在此背景下，“试错”乃至“犯错”拥有更多的包容性空间。当然，地方试验成功或取得成效后，也会引起上层和高层的关注，甚至在被吸纳到政策体系后获得专项资金支持等。因此，政策试点意味着地方政府获得了国家赋权，而政策试验则意味着地方政府拥有更多的自由裁量权。在环境治理领域，政策试点和试验为国家生态文明体制改革提供了重要抓手。目前，已有研究强调的主要是自上而下的政策试点，对地方自主探索的环境治理试验研究不多。面对自上而下的问责、自下而上的民众抗争以及舆论压力，地方政府开展了很多环境治理试验。当然，这些地方试验运行中也存在不少问题，亟待深入解剖。本研究探讨的正是环境治理的地方试验。

五、简要的评述

如上所述，学界在水污染及其治理、河长制及其创新扩散、地方政府创新及其扩散、环境治理的试点与试验等方面开展了很多研究，为本研究提供了重要思路与理论基础。但是，现有研究还存在不足或亟待深化研究之处，主要包括以下三个方面。

首先，环境治理的地方试验研究需要深化。试点与试验是具有中国特色的治理经验，也是中国环境治理机制中的重要组成部分。整体上看，学界对环境治理试验的研究成果不多。当前，生态文明建设是一项国家战略，地方政府在环境治理方面开展了很多探索与实践。围绕地方政府环境治理试验开展调查研究，既有助于分析环境治理态势变化，也有助于洞察中国社会转型。在21世纪之前，环境治理的地方试验多以失败而告终，而进入21世纪后特别是近年来的环境治理试验则取得了不少成效，因为这些地方试验面临的制度环境和社会结构发生了深刻变化。此外，有的地方试验在曲折和困境中取得新发展，有的地方试验还被吸纳为国家政策，当然，也有不少地方试验

"只开花、未结果"。对这些现象的深入解剖，有助于拓展环境社会学的研究边界并促进知识生产。

其次，创新扩散研究对西方公共政策理论的套用较多。有学者已经指出了类似问题，比如，王春晓(2018:35)认为，现有研究成果"主要是运用西方公共政策理论来分析中国的政策试验生成和驱动机制"。朱光喜(2013)认为，中国的政策试验研究主要处于描述阶段，尚未产生精细化的成熟理论和理论模型。当然，构建成熟的理论和模型是一项非常艰巨的研究任务，需要学术共同体的长期努力。但是，超脱西方理论窠臼，聚焦中国政策试验及其创新扩散实践进而推动知识生产，却是研究者需要付诸努力之处。此外，某种创新型治理机制被证明有效以及受到高层关注后，往往会得到广泛应用，或被改头换面应用到其他领域，这也是已有研究所忽视的议题。

第三，河长制起源及其创新扩散研究存在局限。如前所述，河长制上升为国家层面制度安排后，旋即成为学界和政策领域的研究热点。中国知网的文献检索发现，这一议题的研究文献呈现飙升趋势。在实务层面，高校与科研机构以及地方政府围绕河长制举办了大量培训班，还建立了智库，出版了一批河长制培训教材和著作(主要是编著)。但是，这些研究对河长制的起源缺少深度考辨，甚至存在认知错误。一方面，现有研究过度依赖网络文献、地方政府政务公开信息以及前期研究成果，实地调研方面的缺憾明显，对地方志和档案文献的爬梳近乎缺失。这种研究方法具有高效率，但未必能保证精准度。比如，大量研究依据媒体报道素材将无锡首创河长制视为"常识"，也有研究明确提出长兴县实施的河长制晚于无锡市。比如，有的研究认为在无锡等地实施河长制后，长兴县"迅速跟进，建立河长制"(沈满洪，2018)。这显然违背事实。这些研究过于依赖电子政务和政府公开的信息，但是，如果政府信息未公开或没有通过网络公开呢？与此相关的是，很多研究认为河长制起源早于路长制，并为路长制的出台提供了政策思路，但这与事实完全相悖。笔者研究发现，路长制为河长制的出台提供了重要的地方知识与治理智慧，而不是相反。另一方面，因为基础调查不足，学界对近年来浙江省长兴县有关河长制创新版权的主张及相关争论缺少学理回应，对不同地域的河长制缺少比较和甄别。

第二节 研究方法

在现代网络社会，人类的生产活动以及政治和社会生活的方方面面都可能留下痕迹。这为学术研究提供了平台，学者通过爬虫、数据抓取以及大数据分析等方法，可以大大提高学术研究以及学术产出的效率。但是，这绝不能代替田野调查和对社会的理解。在强调大数据分析的时代，这一议题变得更加重要。此外，河长制主题研究的特殊性，要求研究者不能仅仅在社区层面开展研究，还需要寻觅机会深入河长群体内部，开展近距离的观察与思考。

一、网络痕迹与学术研究

人类社会自产生以来就通过刻契、结绳以及文字等形式留下了大量痕迹。这些痕迹推动了文明积累、技术革新以及社会发展。与传统社会主要依据文字和图书等留下痕迹不同，发达的互联网、大量便捷与可随身携带的移动终端以及随处可见的监控设施，使得人们在日常生产生活实践中能留下大量痕迹。在人工智能和云计算时代，这些痕迹和由此产生的海量数据为学术研究提供了重要支撑。

网络痕迹经生产者、消费者、留痕的驱动机制和痕迹产生的媒介机制而得以不断再生产。①生产者。在现代网络社会中，痕迹的生产主体是所有的社会成员。与传统社会相比，除了社会精英，普罗大众也能随时随地留下痕迹。②消费者。痕迹的消费者主要由三部分构成：其一，商家。相关商家基于痕迹生产者的爱好进行信息推送，比如，根据商品浏览历史向购物者推送相关产品，根据网页阅读者的浏览频率有针对性地推送相关资讯，等等。其二，管理者。比如，政府部门按照法律条款掌握并利用网络留痕产生的数据，有的企业人力资源管理部门可以根据面试者近期的网络痕迹判断一个人的兴趣爱好、性格特征和前一职业生涯的履职状况，等等。其三，研究者。研究者借助痕迹开展数据分析、学术研究，撰写咨政报告，等等。③留痕的驱动机制。痕迹产生的驱动机制既有结构化的力量，也有个体的自我选择机制，其中，前者包括国家或单位设置的必须留痕的管理制度、超越个体意愿的远距离监控摄像设施的设置等，后者包括社会成员通过 QQ、微博、微信、抖音等记录个人的生活感悟、情感经历、工作动态，以及聘请传媒机构或传记撰写公司出版的个人或家族生活史、生命史，等等。这些社会行为都会产生很多痕迹，这些痕迹能连点成线、连线成面、连面成体地反映社会结构与社会发展图景。④痕迹产生的媒介主要包括传媒机构、互联网、移动终端以及监控设施。其中，监控设施的设置主体既包括组织化的机构，也包括社会个体（比如，有些人为了家庭安全或监控相关事务而设置）。信息技术的日新月异成为社会治理的重要手段，也是网络社会快速发展的技术之基。其中，信息革命带动了数字通信与卫星通信的快速发展，使得社会留痕方式显著地区别于传统社会。互联网技术则深刻改变了人们的生产生活方式和社会交往方式，为痕迹生产提供了更加便捷和多样的渠道与空间。而 5G 通信和人工智能重塑了现代社会与全球互动格局，为网络社会的快速发展与痕迹生产提供了重要动能。

在现代社会，所留痕迹并非完全取决于个人意愿，只要有相应行为的产生，痕迹就有可能留下。比如，政府痕迹管理①使得工作留痕成为一项制度化要求。此外，在中国知网检索文献会留下“检索痕迹”，在互联网下载资料会有“下载历史”痕迹，浏览网页会产生“浏览历史”记录，在互联网讨论相关议题同样会留下相应的痕迹。事实上，在现代科技的支撑下，人类的所有行为都可能留下痕迹。比如，行车有记录痕迹，行程有轨迹，行走携带手机能产生足迹，等等。当然，留痕也存在隐私泄露等风险，限于主题，本研究不讨论这方面的议题。

网络留痕对于政府管理和社会治理具有重要意义。比如，在 2020 年这个特殊的“寂静的春天”，我国交通运输部门和地方政府通过大数据进行疫情追踪，紧急搜索确诊或疑似新型冠状病毒肺炎患者的同行者以及密切接触者，为疫情防控提供了重要数据支撑。但是，这仍有疏漏风险，于是一旦有新型冠状病毒肺炎患者被确诊，相关部门都会强化溯源，并连续多日通过互联网“紧急扩散”相关班次信息，提醒并寻找同班次乘客，继而开展检查与隔离。由此，交通运输部门也发现，大数据管理仍有改进之处。吉登斯（2000：15 – 25）在晚期现代性的讨论中提出的远距化（Distanciation）和脱嵌（Disembedding）这两个概念，为此提供了富有启发意义的思考。其中，前者指的是现代通信和计算机技术的大规模应用使得与不在现场的人们迅速联系成为可能，其直接后果就是人们的社会关系从原所在地的传统关系网络中脱离出来（即脱嵌）。这种关于

① 过度留痕和痕迹主义导致了形式主义、基层不堪重负等问题。2017 年前后，痕迹主义滋生的这些问题引起了广泛的社会讨论，这是痕迹主义首次引发社会性反思。因研究主题所限，本研究不讨论这方面的问题。

晚期现代性的描述对于研究方法的反思同样具有启发意义。一方面，各种留痕为学术研究提供了很多便利和资源，为“不在现场”的学术研究、大数据分析以及模型建构提供了重要基础。另一方面，相对于实地调研需要付出的经济、时间以及“拒访”成本而言，基于网络留痕的研究有助于学术成果的高效率产出。但是，缺少基础性的实地调研，简单运用已有网络痕迹进行分析的方法可能会限制社会学的想象力。特别是，如若不深入实地，研究者是否可以充分信赖互联网的留痕信息以及已有结论？是否能在未抵现场的情况下，做到对地方社会、当地社群及其行为逻辑的准确理解？

网络社会是个技术控制型社会，而研究者需要注意不能被技术以及痕迹所控。当下，对于研究者而言，仔细甄别所检索到的痕迹并加以小心求证，变得弥足珍贵。毕竟还有不少档案等形式的信息，没有在互联网留下痕迹，同时，互联网所留痕迹与信息未必全部准确可靠。首先，很多史料产生于网络社会出现之前，各种电子数据库尽管力图收集但远未能尽收。因此，对于互联网兴起前的相关素材，即使后来出现了很多研究成果，也需要通过爬梳古籍与原始文献，以及口述史等方法加以考证，以便接近社会事实。近年来，张乐天先生致力于收集书信和日记等资料，以“寻找更真实的历史”。对于所淘的各种宝藏，他与团队用了很多精力进行阅读、整理和甄别，这种学术精神深值学界特别是青年学者学习。其次，在互联网刚刚起步阶段，地方政府的很多行为没有尽数在网络留痕。中国是 1994 年迈入互联网社会的，但到了 21 世纪初，还有很多县级政府没有开通政务网站，很多报纸也没有设置网站(至今仍有很多报纸的全文无法检索)。笔者所调研的云南省洱源县，直到 2004 年才开设政务网站。在此之前，很多政府公文和相关政务活动，在互联网都是无法检索到的。此后，也不是所有政务活动都进行了网络发布。这可能是该县 2003 年实施河长制而未能为外界所了解的关键原因。第三，留痕是否完整也对这种研究方法提出了挑战。如果某个事件的起点没有留痕，或者后续相关文献没有交代肇始阶段状况，那么，完全依赖网络痕迹检索的方法也会存在问题。其实，本研究尚有需要解密之处。比如，因为有些河长制文件尚在保密期内，有些档案资料难以获取，当时的运行机制尚不够清晰化。同时，三地的河长制是否存在一定的延续性联系，还有待后续观察和研究。最后，网络痕迹的准确性需要考证与甄别。痕迹的产生具有社会建构属性，需要甄别。比如，通过铁腕治污实现绿色转型的江苏省宿迁市耿车镇，引起了各大媒体和学界的关注。相关文献都提到了“耿车模式”，认为它和“苏南模式”一样都是社会学家费孝通先生提出来的。但对费先生的原文加以考证就会发现，在他关注耿车经济社会发展之前就已经有“耿车模式”这一说法了。他清楚地指出，“有些人叫它‘耿车模式’。我去看了一下，印象很深”(费孝通，2009b:73)。这种误传可能是名人效应所致，亦可能是地方借名人效应有意而为之。但是，对于学者而言，如果缺少深度考证，就可能以讹传讹。

对于学术研究而言，求真与求实是一项基本要求。风笑天（2019）指出，要“正确看待和辨识学术刊物发表的论文”，准确弄清楚“是什么”远比解释“为什么”重要。然而，从选题、立论到写作与论证诸环节，研究者都很容易受到大众传媒和已有研究的影响。如果研究者缺少求真求实的立场与深入的考辨，就有可能导致研究缺陷。就河长制而言，很多研究都对河长制的起源及其创新扩散开展了言之凿凿的分析，但有的观点与客观事实有出入。究其根源，这些研究主要基于网络留痕进行研判，而有些地方自主探索或学习借鉴河长制，没有留下新闻叙事的痕迹，没有留下媒体报道的踪迹。比如，有研究“通过网络途径获取”地方政府“河长制出台或拟出台的时间”，其研究方法是通过“搜索引擎，对各省级政府全面推行河长制的工作方案进行查询检索”（王洛忠 等，2018），并由此开展创新扩散研究。此外，该文还通过“水利部、各省区政府及相关部门门户网站”对政策文本出台时间进行检验。应该说，因为时间和网络更新等原因，这种方法对于检索近年来各地出台的河长制方案是有效的，但未必能全面准确地找到早些年份出台的政策文件。一个显然的事实是，和其他研究成果一样，该项研究并未觅得河长制初创阶段的政策文本，也未能就河长制的早期探索与实践加以探究与甄别。

必须说明的是，学术研究都会受到既有文献留痕的影响，同时，对网络时代的研究方法反思，并非反对网络痕迹的采用。相反，网络痕迹为研究者提供了重要的信息源和田野调查路径，为深入研究提供了顺藤摸瓜的基础。笔者所要表达的本源意图是：不能仅仅依赖已有文献，忽视田野调查和对地方社会的“理解”；不能重网络痕迹，忽视或轻视档案痕迹；同时，研究者需要秉持严谨态度注重文献甄别，小心求证，而不能盲目“照搬”或者以“拿来主义”的态度直接采用已有痕迹。在田野调查过程中，学界需要加强对档案文献资料的深入考证，以便正本清源。县志、镇志、村志、卫生志和水利志等地方志文献以及未公开出版物，具有重要的史料价值，档案馆、史志办和地方图书馆是研究者需要常往之所。研究者确定研究选题后需要开展深入的文献爬梳、实地考证与甄别。简而言之，对已有痕迹保持必要的警惕、秉持“去粗取精”“去伪存真”意识，并注重田野调查和反复考证，是学术研究的应有之义。

二、资料收集与反复寻觅

学术研究是一项反复寻觅和反复求证的过程，这是还原事实以及探究事物本质与规律的基础。而这种探究的过程，需要多角度地寻觅和收集一手文献，并与关键信息人（Key Informant）开展深度互动。对于本项主题研究而言，河长的身份属性要求研究者必须寻求近距离的观察点。

为梳理和甄别河长制的起源以及开展创新扩散研究，笔者 2018 年以来在江苏、浙江、上海、安徽、河南、云南、广西与海南等地，就河长制及其治水绩效开展了比较多的调查研究。同时，笔者还通过所指导的研究生在江西等地开展河长制调研，检索一手的政府文件和档案资料。在田野调查过程中，笔者与上海市、浙江省的河长办和水利(务)局人员开展了深度访谈，在多个地级市和县(区)级河长办和水利(务)局开展了深入调研，通过座谈会或深度访谈等形式，收集了丰富的一手资料。此外，笔者还到江苏、浙江、云南等地的档案馆、史志办等单位，认真查阅了相关档案文献，收集了市志、县志、镇志、水利志和年鉴等丰富的地方志文献，为深入研究提供了重要基础。根据需要，笔者还对一些“民间河长”以及社会组织负责人开展了深度访谈，理解其治水逻辑与运行机制等。

为深入理解河长制的创新扩散及其运行机制，笔者通过不同路径走近并访谈不同类型的关键信息人。①笔者多次参加了河长制的主题培训活动。比如，笔者参加了“中组部全面推行河长制专题研究班”的开班仪式，通过聆听水利部副部长的专题报告等方式，从国家层面理解河湖保护的基本国情，河长制的产生、推广动因及其实施成效。笔者还以学员身份参加了“河北省沧州市 2019 年县乡级河(湖)长培训班”等专题培训研讨班。通过完整地参加主题培训班学习，笔者寻找到与河长和河长制管理人员较长时间的近距离交流机会，既增加了对河长制的系统认知，也从河长和管理部门的视角理解了这一治水机制的运行方式及其实践过程中的问题。此外，笔者还参加了有关高校邀请省水利厅等单位作的“河长制探索与实践”方面的主题报告，并借此机会与河长办、部分河长进行交流，以期更好地理解各地河长制实践及其运行机制。②笔者参加了水利部、生态环境部组织的“全国河长制湖长制总结评估项目”第三方评估工作。借此机会，笔者参加了相关会议以及第三方评估的实地调研等工作，与省(市)、区与乡镇/街道级的河长办领导和基层河长开展座谈会，深入理解河长制的运行机制、取得的成效以及面临的矛盾。③笔者对江苏、浙江、上海、云南和安徽等地的河长办以及水利(务)局等单位负责人和河长等关键信息人开展了多次深度访谈或者回访研究。社会科学研究需要理解政府的行为逻辑，而河长制的主题研究更需要近距离地、深入地理解其逻辑。如果只是对少数相关人员展开座谈，收集面上的文字资料，所得信息无疑是碎片的、肤浅的。因此，本项研究要求笔者必须开展深度调研，围绕河长制“何以产生、何以发展”开展深度的调查研究。④为理解各地的治水实践和地域文化，笔者还与有关地方史志办、政府系统退休人员以及村民开展座谈或深度访谈。此外，为理解河长治水效果，笔者在调研过程中注重观察各地水质变化情况。在课题研究过程中，笔者在南京选择一条入江河道，自 2018 年以来，对这条河道进行不定期的“巡河”，观察河道治理方式与水质变化，理解地方政府的河道治理行为及其逻辑。

第三章 河长制的雏形与起源

研究一项制度的创新扩散，必须以准确把握其起源为基础。否则，这一研究本身不但可能存在错讹，还可能诱发误导效应。目前，多数研究主要基于电子政务公开的文件和网络报道素材而展开，实地调研和对档案资料的深度梳理与考辨不足，而这影响了河长制的起源及其创新扩散的研究。整体上看，河长制的起源认定经历了从“广泛共识”到“牌匾争夺”的变化。在河长制上升为国家治水政策之前，无论是学术研究、媒体报道抑或官方的话语表述，都认为它肇始于无锡市应对 2007 年太湖蓝藻事件的应急机制。浙江省内的相关研究对此也持相同观点。比如，由杭州市科协等单位 2014 年组织编写的《五水共治——浙江治水集结号》认为河长制是“由无锡太湖水污染事件，催生的一个河清水绿的新机制”（陈福民，2014：142）。然而，随着河长制的全面推广特别是 2018 年后，浙江长兴县积极宣传其是首创之地，该县 2003 年出台的红头文件为此提供了有力证据。由此，河长制起源产生了“争”论。笔者在调研中发现，地处洱海之源的洱源县在 2003 年也实施过河长制，但并未对外公开宣称其是源头。此外，随着学界研究的推进，有文献将河长制的起源追溯到苏轼浚湖筑堤甚至鲧禹治水时期。那么，如何理解这些说辞和争论？如何对河长制的起源争论进行科学辨别？河长制萌芽的结构化因素是什么？笔者认为，深入梳理相关档案以及综合比较各地河长制的实践是解决这一问题的关键钥匙。

第一节 河长起源的早期论及其甄别

随着河长制由地方实践上升为国家治水政策，学界的研究成果日趋增多。与此同时，不少文献从历史维度将河长制的起源追溯得更早，主要包括以下两种观点。

一、“鲧禹说”

这种观点将上古时代的鲧视为最早的河长。面对“洪水横流，泛滥于天下”之势，鲧（禹的父亲）的治水思路是“堵”，但因违背治水规律而没有成功。与之相比，禹则强调“疏”，形成了“禹疏九河”的治水智慧。有学者据此认为，鲧禹治水开创了河长治水的先河。比如，有文献认为，“尧舜先后推选高官鲧和禹相继治水，可以说是开创河长制的先河。在中华民族漫长的治水实践中推举专职河官负责治水的河长制理念在华夏大地一直没有中断……”（方国华 等，2018：11）。还有文献认为，鲧是上古时期“尧选拔任命的第一个治水河长”，禹是第二位河长（熊文 等，2017：53）。但很明显，鲧和禹的使命是治理水患，现代河长的主要职责是水污染防治和水环境保护等。同时，在职位匹配层面，部落首领治水与地方党政“一把手”负总责也是两个不同层面的概念。因此，这种溯源只能说颇具浪漫主义色彩，但与事实并不一致。

二、“苏轼说”

这种观点认为北宋的苏轼是第一位河长。其理由是苏轼在担任杭州太守期间带领民众治理西湖，在西湖浚湖筑堤（后来被世人称为苏堤），由此认为苏轼是历史上的第一位河长（陈福民，2014：141－143）。确实，苏轼的浚湖筑堤是其作为地方官的一种“自选动作”，但是，历史上很多地方大员都开展过河道疏浚、水系清淤以及筑堤等方面的工作。比如，战国时期春申君（黄歇）在苏州筑成堰埭，被称作“黄埭”。当然，这还有“传说”的成分，仍有待进一步考证。若以历史考证为凭，仍有不少地方官在东坡先生之前筑堤惠民，且所筑之堤被冠以其姓氏。譬如，唐朝的白居易在担任杭州刺史期间于钱塘湖(即西湖)筑堤和加强水利管理,所筑湖堤被称作白公堤(水利部太湖流域管理局 等,2018:594)。再如,范仲淹(比苏东坡年长48岁)在担任西溪盐官时主持修筑泰州海堤,被称作范公堤。这些都比苏轼在西湖浚湖筑堤的时间要早。因此,河长起源于苏轼的逻辑同样存在着明显的漏洞。此外,中国在宋代以前还有"圩长""塘长"(王建革,2013:248-249),这些称谓似乎更接近河长,但与现代河长制同样是大相径庭。

简而言之,上述被部分文献冠名的河长与当前实际运行中的河长是两个完全不同的概念。一方面,在他们生活的时代,并没有河长这一称谓,当时也没有人将他们称作河长。另一方面,上述人物的主要贡献是治理水患或疏浚河道,与现代社会基于水污染和水危机而设置的河长相去甚远。故而,上述河长制溯源并不准确。

第二节
浙江省长兴县河长制的起源及演变

浙江省长兴县本为山清水秀之地，但在粗放型发展进程中遭遇了污水横流、河道淤塞等问题。为找回生态底色，当地开展了系列探索与实践。其中，县委县政府在2003年出台了河长制文件，旨在推动卫生城市创建。在后来应对水危机的实践中，该县河长制经历了由"部门河长"向"行政河长"的转型。

一、国家卫生县城创建催生的"部门河长"

长兴县河长制的问世源自"创建卫生城市(乡镇、县城)"的需求。卫生城市(乡镇、县城)起源于中国共产党领导的爱国卫生运动。1989年，卫生城市创建活动正式启动(杨敬 等，2015:5－7)。创建卫生城市(乡镇、县城)的意义不止于提升一个地方的卫生质量。这块国字招牌还有利于提升其社会美誉度、知名度和综合竞争力，以及吸引中央政府在"国家卫生城市"建设方面的专项资源投入，从而带动地方经济社会发展。

2002年，长兴县委和县政府成立创建"国家卫生县城""全国双拥模范城市""国家园林城市"和"全国文明城市"办公室(李建琴，2006)，举全县之力推动这四项荣誉的争创。其中，争创"国家卫生县城"这块金字招牌，需要满足环境卫生、环境保护等考核指标，而当时河道淤塞和污染状况严重。当时有"大河一条线，小河不见天，船行一条缝，取水打个洞"这样的表述形容河道淤堵状况。为解决这一问题，县、乡两级政府自2003年起成立了河道保洁工作领导机构，县与乡镇还签订了河道保洁目标责任书(余玲燕 等，2010)。

为推动环境保护特别是河道整治，县委办公室和县人民政府办公室于2003年10月8日印发"县委办〔2003〕34号"文，即《中共长兴县委办公室　长兴县人民政府办公室关于调整城区环境卫生责任区和路长地段、建立里弄长制和河长制并进一步明确工作职责的通知》。这是迄今为止能检索到的关于河长制的最早文件。这份文件的出台，标志着河长制的正式问世。由此也不难发现，路长制已经先于河长制而实施。在很大程度上，前者为后者的出台提供了经验借鉴。

关于设置实施河长制的初衷，该文件做了明确说明：

进一步加强对长兴县城区市容环境卫生的管理，切实改善城市面貌，提高城市品位，增强全社会的创建意识和责任感，全力实现“四张名片”创建目标。

当时，全县共设置了20名路长、62名里弄长和2名河长。在河长方面，县水利局局长和环卫处主任分别担任县城4条河道(共18条河段)即长兴港、黄土桥港、护城河和长水港的河长。其中，县水利局局长担任2条河道(共8个河段)的河长，县环卫处主任担任2条河道(共10条河段)的河长(见表3-1)。

表3-1 浙江省长兴县首批河长及其相关信息

序号	河道名称	河段	河长单位	河长	配合单位
1	长兴港	黄土桥港—金陵大桥	水利局	朱坤龙	环保局 建设局 城管办 所在镇、街道、社区
2	长兴港	长水港—钮店湾港	水利局	朱坤龙	
3	长兴港	方家港—张王塘港	水利局	朱坤龙	
4	黄土桥港	张王塘港—长兴港	水利局	朱坤龙	
5	黄土桥港	黄土桥—人民南路	水利局	朱坤龙	
6	黄土桥港	人民南路—明门大桥	水利局	朱坤龙	
7	黄土桥港	长兴港—古城桥	水利局	朱坤龙	
8	黄土桥港	方家港—张王塘港	水利局	朱坤龙	
9	护城河	水城门—金陵中路	环卫处	季月龙	
10	护城河	水城门—长安闸	环卫处	季月龙	
11	护城河	水城门—西门桥	环卫处	季月龙	
12	护城河	金陵中路—道园里	环卫处	季月龙	
13	护城河	道园里—小西门桥	环卫处	季月龙	
14	护城河	小西门桥—长安闸	环卫处	季月龙	
15	长水港	长兴港—解放桥	环卫处	季月龙	
16	长水港	长兴港—金莲桥	环卫处	季月龙	
17	长水港	解放桥—水城门	环卫处	季月龙	
18	长水港	水城门—金莲桥	环卫处	季月龙	

资料来源：《中共长兴县委办公室　长兴县人民政府办公室关于调整城区环境卫生责任区和路长地段、建立里弄长制和河长制并进一步明确工作职责的通知》(县委办〔2003〕34号)。

上表说明，在诞生之初，河长制是政府部门领导负责制，而非党政“一把手”负责制。同时，街巷长（路长）也是部门领导负责制，而非地方政府行政首长负责制。另外，彼时的河长制覆盖范围是城区主要河道，而非所有主干河道，更非所有河流。

河长制促成了河道管理责任包干制，推动了河道治理。这种责任包干制明确了河长的责任和职责，它将河道日常保洁、亲环境行为的养成与教育以及对河道两岸的乱搭乱建、乱堆乱放等行为进行监督管理的职责予以了具体化（见表3-2）。

表3-2　浙江省长兴县首批河长的职责

顺序	内容
1	负责做好河道日常保洁工作，确保水面无漂浮物、河道两边无垃圾污物。
2	教育市民和河道两岸居民规范生活行为，不乱排污水，不随意向河道周边乱扔垃圾。
3	协助城市管理部门对所负责的河道两岸的乱搭乱建、乱堆乱放等行为实施监督管理。

资料来源：《中共长兴县委办公室　长兴县人民政府办公室关于调整城区环境卫生责任区和路长地段、建立里弄长制和河长制并进一步明确工作职责的通知》（县委办〔2003〕34号）。

二、水源保护催生的“行政河长”

部门“一把手”担任河长为“国家卫生县城”创建提供了重要支撑，也为长兴县应对水污染难题提供了解决思路。但是，在科层制框架下，“部门河长”能调动的资源有限，能解决的具有系统性属性的问题也很有限。在此背景下，频发的水污染和迫切的水源保护需求促使“部门河长”向“行政河长”转型。

长兴县工业化起步较早，粗放型的工业化特别是工业废水直排对水环境产生了严重的破坏性影响。改革开放后，水污染问题就变得日益突出。据《长兴县志》（长兴县志编纂委员会，1992：113）记载，20世纪80年代初，城乡居民饮水已经遭到污染。而有毒废弃物“未经任何处理即直接排放，造成河水变质、鱼虾死亡、禾苗枯萎，桑蚕中毒，每年都发生污染纠纷”。其中，作为全县现代轻纺业的重镇，夹浦镇的污染非常严重，喷水纺织厂流出的水被称为“牛奶水”。因水污染频仍，县城居民频频遭遇没水喝的窘境，水源地也因此进行多次变更。据《长兴史志》记载，20世纪80年代，长兴港是自来水厂唯一的水源地。但长兴港沿岸建有不少化工厂，部分工厂位于自来水厂的上游，这些工厂没有完善的污水及废弃物处理设施，乱排乱放导致污染事故时常发生。其中，仅1988年一年，作为饮用水水源地的长兴港连续发生了多次水污染事故（见表3-3），这严重地影响了3万多城市居民的饮用水安全（王云婷，2018）。

频发的水污染事件对地方政府构成了现实压力，县政府被迫将全县“水缸”由长兴港迁到包漾河——1988 年 12 月 16 日，县委和县政府联席会议决定，将包漾河作为新的自来水水源地。1989 年 7 月 25 日，新自来水厂开始供水（王云婷，2018）。但是，包漾河也并非绝对安全。它周边就分布着夹浦镇等纺织重镇，且散落着很多家庭小作坊，这对全县的“新水缸”构成了现实威胁。

表 3-3　浙江省长兴县 1988 年发生的水污染事故

顺序	事件梗概	事件影响
1	5 月 19 日上午，阳南化工厂污水池废水外溢流出，流入鱼塘。村民为保护鱼塘，在污水池与长兴港隔断的堤坝上开挖缺口，使废水流入长兴港。约有 600 立方米有毒污水排入长兴港。	自来水中硝基苯含量达到 1.2 毫克/升（饮用水标准 0.1 毫克/升）。县委县政府要求自来水厂断水，并通过组织运水方式解决 3 万多雉城镇居民的饮用水。5 月 30 日，水厂供水恢复正常。
2	6 月 5 日（自来水厂恢复供水第 6 天），位于水厂上游 200 米处的长兴化肥厂发生氨水泄漏事故。	26 吨氨水直接排到长兴港。6 月 6 日，1 500 米的河道中的鱼虾死亡。6 月 9 日，高温少雨导致太湖水倒灌，致使长兴化肥厂设备检修时排放的污水和其他工业、生活废水倒流，聚集到自来水厂取水口。供水被迫再度中断。
3	9 月 24 日，长兴化肥厂发生铜液外溢事故。	自来水水源没有受到污染，但引发了居民“拉水吃”风波。
4	10 月 14 日，长兴化肥厂发生碳化母液泄漏事故。	自来水被严重污染。17 日下午，县政府做出自来水不能饮用决定。

资料来源：基础数据和资料来自王云婷的《1988 年雉城镇水污染事故》，载于长兴县史志办公室编《长兴史志》第 2 期，第 30-34 页。

为保护水源地，2005 年 5 月 12 日，水口乡人民政府以“水政〔2005〕15 号”文出台了《水口乡人民政府〈关于任命包漾河上游水口港河道河长〉的通知》，任命该乡乡长为水口港河道的河长。该文件交代了河长制的主旨即“切实改善包漾河饮用水源水质”，同时明确了河长职责。

为切实改善包漾河饮用水源水质，借鉴城区“河长制”工作经验，经研究决定对水口港实行河长制管理，河长由乡长张玉平同志担任，负责做好水面保洁、清淤疏浚、河岸绿化、沿线工业污染治理等的监督、协调、推进、跟踪等工作。确保实现包漾河“水清、岸绿、河畅、景美”的河长制管理目标。[①]

① 参见《水口乡人民政府〈关于任命包漾河上游水口港河道河长〉的通知》。

考虑到水源地的水系构成和保护需要，县水利局在 2 个月后发布《长兴县水利局关于落实包漾河支流河道河长制管理的通知》，由此产生了最早的村级河长（见表 3-4）。

表 3-4　浙江省长兴县首批村级河长的关键信息

基本维度	主要内容
主要目的	借鉴城区及水口港“河长制”工作经验，切实改善包漾河饮用水源水质。
涉及河流	包漾河支流河道：七百亩斗港、赭山港、夹山港。
河长人员	七百亩斗港由后羊村村主任担任河长，赭山港由赭山村党支部书记担任河长，夹山港由赭山村村主任担任河长。
河长任务	主要涉及水面保洁、清淤疏浚、河岸绿化、沿线工业污染治理等的监督、协调、推进、跟踪等工作。
河长目标	确保实现包漾河“水清、岸绿、河畅、景美”的河长制管理目标。

资料来源：《长兴县水利局关于落实包漾河支流河道河长制管理的通知》。

可见，长兴县河长制的起源与发展，与水污染和水危机存在着直接关联。特别是，水源地保护的迫切需求促使“部门河长”（部门领导负责制）向“行政河长”（政府领导负责制）转型。此外，2008 年开始，长兴县政府的 4 名副县长开始担任河长。县级河长的出现，提升了河长的行政层次，相应地提高了河长制的权威性。

第三节
云南省洱源县河长制的起源与发展

洱源县是洱海的源头，被誉为“高原水乡”。洱源县的河长制，源自河道管理以及洱海水质保护的地方实践。因此，其河长制的探索与实践，与长兴县和无锡市一样，都嵌入在特定的水环境保护实践中。

一、面向河道管理的河道管理员制

河道淤塞与河道污染是一项普遍存在的社会问题，很多地方为此都设置了专职河道管理人员，以便开展河道清洁与管护工作。洱源县在弥苴河管护实践中逐渐形成了河道管理员制。

弥苴河(也称溯苴河)是洱海的上源，它的中上游是“地上悬河”。当地“雨季泥沙之巨历来出名”，河道淤堵，地下河逐渐变成地上河，弥苴河因而有“小黄河”之称(洱源县水利电力局，1995:77)。“地上悬河”的地理特征，使得它与其他河道不同，即河道两岸没有污水排入。同时，该县工业基础薄弱，工业企业数量少且规模小，上游工业排污少。但是，弥苴河的河道淤塞问题仍然严重(洱源县水利电力局，1995:488)，其中，垃圾是淤塞的主要根源。在现代社会，随着代谢断裂，“垃圾围河”与“垃圾填河”已经是十分普遍的社会问题，并成为环境恶化的重要诱因。2000 年，洱源县被列入“云南省第二批国家生态环境建设综合治理重点县”，当年就“投资 600 万元在弥苴河流域实施生态保护工程”(洱源县地方志编纂委员会，2018:689)。但是，工程治理难以彻底解决“垃圾围河”以及河道淤塞问题。

为解决这一难题，当地实施了河道管理员制。根据《洱源县水利志》记载，2002 年 7 月，洱源县聘请 5 名河道管理员分段管理河道。随后，在整条弥苴河推广，共聘请河道协管员 22 名，开展弥苴河治理(洱源县地方志编纂委员会，2018:497)。县水利局局长描述了河道管理员的产生背景与职责：

河道附近居住的群众，时常将垃圾倒在河堤上与河道内。当时，弥苴河内的垃圾确实比较多。因此，河道管理员的主要职责就是垃圾管理，即禁止人们向河道两岸以及河道内倾倒垃圾，附带地也承担着河堤上古树的保护职责。（访谈编号：20190716EYX-LCG）

后来，基于河道管理员制的实践经验，洱源县逐渐探索出了党政主要领导挂帅的治污机制，继而逐渐推动了河长制的出台。

二、面向洱海保护的河长制

20 世纪 80 年代初，洱海生态系统遭到破坏，富营养化问题日益突出，水质由Ⅱ类下降到Ⅲ类。90 年代后，水质迅速恶化，1996 年首次出现了大面积的蓝藻暴发现象。① 在此前后，中央和地方政府开展了一系列的治水行动，投入了大量资源，但成效距离预期目标甚远。作为洱海的源头，洱源县面临着来自中央、省和州三级政府的环保考核与问责压力。

在自上而下的压力传导机制下，不同层级政府之间纷纷签署目标责任状。比如，早在 1999 年 12 月 13 日，洱源县人民政府就与大理白族自治州（后简称大理州）人民政府签订洱海保护管理责任状（洱源县地方志编纂委员会，2018：203）。这种环境保护方面的责任制是源自 20 世纪 80 年代的目标管理责任制的组成部分，是在政府体系内部构建以“责任-利益连带”为主要特征的制度性联结关系（王汉生 等，2009）。然而，与经济考核方面的刚性责任不同，环保方面的责任状常常缺乏约束力，并没有产生目标导向的绩效。随着环保问责压力的增强，地方政府在签署洱海保护管理责任状时逐渐凸显其刚性，考核体系日益精细化和严格化，使之不仅是责任状，还是军令状。

2003 年 12 月 10 日，大理州人民政府办公室印发《洱海保护治理目标责任书（大理、洱源）》（后简称《责任书》）和《洱海保护治理目标责任考核办法》。除了管辖区域中涉及的水系有别外，大理市（县级市）和洱源县的共性目标是“至 2006 年，确保洱海Ⅱ类水质时间不低于 6 个月，其余月份为Ⅲ类水质，不出现Ⅳ类水质”以及“洱海水环境及生态环境趋于良性循环”。为达成这一目标，大理州要求实现“工程、生物措施与管理措施”相结合，实施六大工程（环洱海生态工程，污水处理与截污工程，洱海流域农业、农村面源污染治理工程，主要入湖河道和村镇垃圾、污水治理工程，洱海流域面山绿化和水土流失治理工程，洱海环境管理工程）。这六项工程逐一设定了属地责任人和州级配合单位（相关政府部门）。其中，大理市的责任人是市委书记和市长，洱源县的责任人是县委书记和县长。在“主要入湖河道和村镇垃圾、污水治理工程”部分，大理州明确要求大理市“全面实行河道河长（段长）制”，明确要求洱源县“全面实行河道

① 数据来自大理洱海科普教育中心的展览资料。

河长(段长)制，通过对河道进行环境综合整治，河道达到面清、岸洁、有绿，水质明显改善”。[1] 不过，该文件并未明确河长(段长)制的构成、组织架构和运行机制。

为达成洱海保护治理目标，文件还设定了“考核-问责”的配套制度。上述文件规定对《责任书》所列工程项目的责任人实行风险金抵押制度。其中，第一责任人抵押6 000元，分管责任领导抵押 4 000 元，一次性交由州财政代储。这种环保风险金抵押制度规定根据验收结果决定其去向：拟于 2006 年 10 月—12 月组织验收，按质、按量、按期完成所有目标任务，由州委、州人民政府奖励大理市 100 万元、洱源县 50 万元；如果到期完不成既定目标任务，责任人抵押金一律上缴州财政，同时，责任人不能提拔重用，严重失职、渎职的还要追究相关责任。[2]

为传导压力、落实责任和分解任务，县政府和其下辖的镇政府签订目标责任书。2003 年 12 月，洱源县委县政府与洱海流域的 9 个乡镇和 12 个县级有关部门签订洱海水源治理保护责任书，同样延续使用了风险抵押金制度(洱源县地方志编纂委员会，2018：106)。是年，洱源县正式实施河(段)长制，其中，县委书记和县长担任总河长，20名县处级领导担任相关河流河长，洱海流域乡镇长担任河段长(洱源县地方志编纂委员会，2018：33)。据《洱源县志》记载(洱源县地方志编纂委员会，2018：497)：

2003 年开始，在入洱海河流实行“河(段)长”制，县委书记和县长担任总河长，20名县处级领导任各条河河长，洱海流域各乡镇长担任河段长。

此外，在流域 9 乡镇设立环保工作站[3]，聘请专职环保协管员，对“三湖一海”“两江一河”[4]进行管护，定时打捞河流杂物，清运沿湖、沿河垃圾，制止乱排污水、乱倒垃圾行为。环保协管员进行化段管理，责任到人。2004 年 1 月，(鉴于)环保协管效果明显，在全县洱海流域推广这一机制，全县共聘请环保协管员 100 名，工资由财政支付。

在保护作为“高原明珠”洱海的实践中，洱源县和大理市全面实施了河长制。这种河长制具有鲜明的压力传导属性。在此过程中催生的由县委县政府“一把手”担任河长，是全国最早的县级河长。同时，相比长兴县 2008 年由县政府副职担任河长，洱源县则在 2003 年就在党政权力金字塔的塔尖与水环境治理之间构建了制度化的关联机制，同时建立了富有层次的河长制体系。

---

① 参见《大理白族自治州人民政府办公室关于印发〈洱海保护治理目标责任书〉及〈洱海保护治理目标责任考核办法〉的通知》。

② 同上。

③ 2004 年 1 月，双廊镇和江尾镇划入大理市，环保工作站减少为 7 个。

④ “三湖一海”指的是西湖、茈碧湖、东湖和海西海，“两江一河”指的是永安江、罗时江和弥苴河。

第四节
江苏省无锡市河长制的起源与发展

河长制起源于无锡市的观点，认为2007年暴发的太湖蓝藻事件催生了河长制。这一事件是直接诱因，但并非河长制的源头。河长制既非凭空产生，亦非单一的治理制度，而是当地对20世纪90年代以来的多种水污染治理机制整合而成的治水制度。

一、河道保洁管理制

在传统农业社会，无锡这样的江南水乡盛行罱河泥活动——在农闲季节，农民从河底挖取河泥作为农业肥料。陈阿江(2000)认为，罱河泥是促进废物利用和河道系统生态平衡的重要的生产活动。20世纪80年代后，随着家庭联产承包责任制的实施以及现代农业生产方式的兴起，罱河泥这种生产活动和用肥方式逐渐消失；相应地，它具有的河道疏浚、水质净化等功能亦不复存在。同时，河道垃圾大量出现，水质污染问题日益突出。这事实上是中国河道变化的一个缩影，城乡河道正是在此背景下趋于窄化、浅化以及污染严重化的。

20世纪80年代后期，经济发达的水乡地区纷纷加强河道清淤和环境治理。到了90年代，这些地方则开始建立河道保洁制度。譬如，1994年12月，无锡市郊区①设置了河道管理责任分工表，落实河道的管理单位与责任人(无锡市滨湖区地方志编纂委员会，2014：219)。这是苏南地区河道管理责任制的一个缩影。根据《无锡市志(1986—2005)》，20世纪90年代后期，“无锡市开始实施城区河道保洁管理、城乡河道清淤和环境整治”，农村河道也开启了保洁工作。1997年，无锡市创建国家卫生城市领导小组办公室设立河道组，由市建设委员会和市水利局抽调工作人员组成(无锡市地方志编撰委员会，2015：417)。河道组的主要任务在于治理河道污染和强化河道保洁

---

①　此处无锡市郊区是滨湖区的前身。2001年，原无锡市郊区整体、马山区整体和锡山市部分乡镇合并而成滨湖区。

工作。但是,彼时的河道保洁与清淤行动具有应急属性,往往是在河道淤塞严重时候进行工程清淤。同时,这一做法缺少长效运行的机制,故而,无法根治河道淤塞与污染问题。

二、河道长效管理责任牌制

为应对淤塞反弹和污染反弹问题,地方政府开始反思传统的工程治水思路,同时,引入非工程措施这一治水机制。所谓非工程措施,即注重引入社会力量,并强化环境监管,扭转传统的"工程至上"和"重建轻管"做法。这种非工程措施为河道治理的制度化提供了借鉴经验。同时,面对城乡二元社会结构下的农村河道污染,无锡市的河道治理视野扩大到农村水网地区,提出强化长效管理责任制与治污包干制度。其重要标志,就是无锡市水利局在2004年印发的两个文件。

2004年7月9日,无锡市水利局印发《关于加强农村河道长效管理的意见》和《无锡市农村河道长效管理考核办法(试行)》的通知,要求聘用专职河道管理员。这两份文件出台的初衷在于解决河道"三无"问题,即"无长效管理制度""无专职管理队伍""无专项管理经费"。根据该项文本,从2005年1月1日起,全市农村河道全部实施专人管理和长效管理。其中,《关于加强农村河道长效管理的意见》规定,每个村都要聘用专职管理人员,他们的职责包括"负责全村范围内河道的日常管理和养护""向村民宣传有关河道管理的规章制度"并制止向河道与河坡的各种乱堆乱倒乱垦乱种行为,以及"定期向村委会汇报河道管理情况"①等三个方面。这种做法具有通用性,被不少地方借鉴和应用。将上述信息放入互联网检索发现,这些《意见》及其职责规定,后来在很多地方已经成为"河道长效管理办法""河道保洁员岗位职责"的模板。随后,无锡市加强河道专兼职管理人员配置力度,并树立河道长效管理责任牌。这是当地首次以确立"河道管家"的方式推动长效管理。河道长效管理责任牌中的信息包括河道级别、河道名称、管理范围、责任人以及监督电话。事实上,这就是河长制公示牌的雏形——除河道管理人员(村民)与河长(官员)的身份不同外,其他信息大致一致。此外,需要说明的是,当时的责任牌没有标准化,形式差别较大。

此后,全市纷纷强化农村河道长效管理。比如,滨湖区结合毗邻太湖及其农村河道环境状况,于2006年4月开启了"两整两创"专项治理。其中,所谓"两整"即整治市容村貌和整治河道家塘,所谓"两创"即创建环境达标村(社区)和创建管理达标河道(家塘)。该专项治理对标兵村(社区)设置了详细的考核指标,并要求设置两块公示

---

① 参见无锡市水利局《关于加强农村河道长效管理的意见》(2004年7月9日发布)。

牌。一是按照居住人口3‰的比例配置保洁员，设置保洁公示牌。二是河道与家塘按照每2万平方米左右水面配置1名河道（家塘）管理员，设置河道管理公示牌。① 这两块公示牌是对河道长效管理责任制的细化。为落实属地管理责任，区委区政府建立了周末督查制度，并通过书面通报与录像曝光相结合方式推进整改。镇和村则建立每周不少于两次的巡查制度。当时是“月月查”和“季度评”，区委区政府还通过“以奖代补”的方式进行激励，比如，对完成“两整两创”创建任务的标兵村奖励5万元、标兵社区奖励4万元。② 对于排名靠后和不能达标的，则实行“软性惩罚”，相关街道（乡镇）党政“一把手”在全区大会上要上台发言，事实上就是反思自身为何“不能达标”，本质上是做“负面典型发言”。由此，这促进了河道治理的“比学赶超”。（访谈编号：20191012WX-BHQ）

为进一步推动河道长效管理的规范化，无锡市水利局2006年发布《关于设置农村河道长效管理责任牌的通知》，要求“在全市实行农村河道长效管理情况立牌公示”。文件规定，已经落实长效管理的河道与池塘需要设置长效管理责任牌，需要“将河道所在地、河道级别、河道名称、河道长度、管理人员姓名和监督电话一一标明，接受社会和群众监督”。③ 此外，文件还要求对河道长效管理责任牌的尺寸与规格进行标准化设置，具体由各市（县）、区按照一定标准设置。当时，长效管理责任牌没有现在的河长制公示牌大，很多地方都是在河道旁边立一块木牌。每一段河道由专人负责和监督，责任人由村民担任，而其工作绩效则由村委会或基层政府考核。

河道长效管理拥有专项财政补贴。其中，城区小河道保洁管理经费由市财政每年安排400多万元，农村河道每年安排200万～300万元通过“以奖代补”的方式推动河道保洁（无锡市地方志编撰委员会，2015：417）。2008年，笔者在无锡市下辖的宜兴市调研期间了解到当时农村河道管理责任制及其责任人员的工作内容和收入状况。

我们这里的河流长度为16.8公里，河流宽30～50米。前两年水质非常糟糕，现在水好多了。我们河道管理责任人的工作是全日制的，这个措施也落实到各个村。我们一般根据河流的长度，规定每个人负责3～5公里。在工资方面，一般每公里每年4 000元。这些资金主要是政府集资，其中市政府出1 500元，镇里出1 500元；另外，村里再出1 500元。原则上是每公里4 500元，但是我们还要除去一些工具的费用，比如垃圾箱等，所以实际工资就是4 000元。这样，一个人一年收入也有10 000多元，最多

---

① 参见中共无锡市滨湖区委员会《关于深化“两整两创”活动的实施意见》。

② 同上。

③ 参见无锡市水利局《关于设置农村河道长效管理责任牌的通知》。

20 000 元的样子。另外，我们还给他们投保，主要是意外伤害险。老百姓对这项工作非常支持，参与积极性很高。（访谈编号：20080507THZ-SLZ）

简而言之，农村河道长效管理责任牌是河长制公示牌的雏形，其属性类似门店或单位的“门前卫生责任制”或“门前三包”。所谓“门前三包”，是政府主管部门用事先拟好的合同书将市容和环境卫生管理的部分责任承包给临路（街）的产权责任单位或个人，主要内容包括“包卫生、包绿化、包秩序”（杨敬 等，2015：178）。它强调专人管理，实行河道管理责任包干。这种治水包干制度，事实上就是责任田式的承包制，对于踢皮球行为具有约束性。在一定意义上，它也具有首长问责制特点。当河道出现严重问题时，除了河道管理员，该区域的行政首长需要负责，但问责案例不多。

三、河（湖、库、荡、氿）长制

河长制可视作一项制度集成，是对环境保护制度和前述治水经验加以集合而形成的一项治水制度。通过责任包干制、领导责任状制和环境保护地方党政领导第一责任人制等制度牵引，以及行政资源的高位推动，河长制旨在解决水污染治理中的痼疾。2007 年蓝藻事件暴发后，无锡市的河长制正式浮出水面。

无锡是太湖[①]治理的“前沿阵地”，这与无锡的区位有关。无锡所辖太湖水面面积约占全湖总面积的 32.4％，所辖太湖岸线约占总岸线的 33.3％。江苏有 15 条主要出入湖河道，其中，13 条在无锡境内，占比 86.67％。此外，高温季节易于蓝藻繁殖，而“春夏两季，太湖盛行东南风，蓝藻便吹到了无锡”。[②] 2007 年 5 月 29 日，无锡市自来水水源地水质严重恶化，水危机事件（也被称作“太湖蓝藻事件”）由此暴发。随后，超市纯净水被抢购一空。无锡市从常州和苏州等周边城市紧急大批量地调运纯净水。同时，加大“引（长）江济太（湖）”的供给量，并实施人工降雨等多种措施，以促进太湖水体流动（全国干部培训教材编审指导委员会，2011：35）。尽管如此，水污染事件还是导致社会恐慌甚至谣言四起，对社会秩序构成了挑战。这起震惊中外的水污染事件揭露了太湖治理的困顿以及体制机制弊病，引起了国内外媒体的广泛关注。在此背景下，中央政府和地方政府对治水体制机制的创新都予以了更多的强调。

无锡河网密布，且“条条河流通太湖”。太湖污染的直接表现是湖体水质恶化，但

---

① 2002 年，《太湖美》被确定为无锡市市歌。其中，歌词“太湖美呀太湖美，美就美在太湖水”，生动诠释了太湖的美丽环境。这首歌创作于 1978 年，如果是在 20 世纪 90 年代末或 21 世纪头 10 年创作，“美在太湖水”可能不会出现在歌词中。

② 俞琴：《太湖治理 28 年：蓝藻像癌症，无锡猛吃药》，界面新闻 2018 年 10 月 8 日，http：//finance.sina.com.cn/chanjing/cyxw/2018-10-08/doc-ihkvrhps9917652.shtml，访问日期：2020 年 2 月 9 日。

根在上游河道，背后则是监管不力和部门治水失灵问题。社会学家认为，治污的核心是治人（陈阿江，2010：230-231），而不同的人掌握的资源不同，对环境治理绩效的影响存在显著区别。地方政府在几十年的治太实践中逐渐明确了太湖治理与官员治理的逻辑关联，逐渐勾勒了通过“治官”推动“治水”的路线图。2007年6月10日，无锡市委市政府发布《关于举全市之力开展治理太湖保护水源“6699”行动的决定》，提出：“加大对党政领导干部特别是‘一把手’的考核力度，形成领导工作责任制、目标责任制和责任追究制有机联动的监督考核体系。”[①]这份文件突出了对党政“一把手”的考核与问责力度。同年8月10日，《无锡市治理太湖保护水源工作问责办法》颁布，这项专项行政法规明确了对党政领导干部问责的方式与程序。在政府主导型的环境治理结构中，这切中治水的要害。

在此背景下，由地方党政主要领导承担所承包河流治污责任的治水机制逐渐清晰化。2007年8月13日，河长制一词开始出现于《无锡日报》和《新华日报》等媒体报道中。8月15日，《新华日报》刊发的《创新机制，给太湖注入“源头活水”》一文指出，无锡正在探索由各级主要领导担任入湖河道中污染严重河流的“河长”[②]。8月23日，无锡市委办和市政府办印发《无锡市河（湖、库、荡、氿）断面水质控制目标及考核办法（试行）》（以下简称《办法》），提出实行属地行政首长负责制下的“河（湖、库、荡、氿）长制”，制定“一河（湖、库、荡、氿）一策”的综合整治方案。《办法》规定：将河流断面水质的监测结果纳入市（县）、区党政主要负责人政绩考核范畴，如果“各市（县）、区不按期报告或拒报、谎报水质检测结果的，按照有关规定追究责任”[③]。该《办法》有两个特征。首先，它提出的是河（湖、库、荡、氿）长制，而不是单一的河长制，即将河流、湖泊、水库、湖荡等不同水系都纳入进来。其次，它提出了精细化治水思路，即“一河（湖、库、荡、氿）一策”，这为国家全面推广的河（湖）长制中的“一河一策”治水方案提供了蓝本。

媒体和研究文献常常认为，自此《办法》颁布后，无锡市党政主要领导开始担任辖区内64条河流的河长。而仔细对比这份原始文件发现，市领导挂牌督办的是9条入湖河道，且扮演的是“分工领导”和“考核者”角色，当时并未担任具体河流的河长。各区（市、新区）主要领导，则是具体责任人也即河（湖、库、荡、氿）长。

概而言之，河长制相当于将行政首长环境保护目标责任制进行了操作化。比如，河长治水保证金制度、部门联动机制、联席会议机制、巡河机制、问责机制、“一河一策”

---

① 参见中共无锡市委、无锡市人民政府《关于举全市之力开展治理太湖保护水源“6699”行动的决定》。

② 江锡民，杭春燕：《创新机制　给太湖注入“源头活水”——无锡践行“铁腕治污，科学治太”之二》，《新华日报》2007年8月15日，第A1版。

③ 参见《无锡市河（湖、库、荡、氿）断面水质控制目标及考核办法（试行）》。

机制等，使得行政首长治水不再是抽象的制度，而是具有了清晰的路径遵循。从历史性的视角看，相对于河道长效管理责任制而言，河长制延续了其竖立河道管理责任牌、接受上级考核和社会监督等做法，差别则是党政主要领导成为河道治理的责任人。另外，在此阶段，河长的直接任务是河道治理，但也具有水陆同治属性，即涉及控源截污、工业企业升级改造或“关停并转”以及农业面源污染治理等。

就运行机制而言，河长制一般由水利部门牵头实施，当然，在实施河长制伊始阶段也有“例外范式”。其一是由城管局牵头。比如，无锡市惠山区城管局曾牵头过河长制的管理与运行工作，这可能与区城管局牵头实施路长制的路径依赖有关。其二是由环保局牵头。在河长制初创阶段，环保局牵头实施过河长制。比如，2007 年 9 月 21 日，无锡市惠山区环境保护局印发《关于成立惠山区环保局乡镇水环境质量“河长制”监测断面达标工作领导小组的通知》[①]，明确了乡镇层面河长制的组织框架。可能是“环保不下河、水利不上岸”的结构性因素，河长制后来基本都转由水利部门牵头。

河长制试水一年后，无锡决定在全市范围内进行全面推广。2008 年 9 月 3 日，无锡市委市政府发布《关于全面建立“河(湖、库、荡、氿)长制” 全面加强河(湖、库、荡、氿)综合整治和管理的决定》。据此要求，河长制管理范围从原来的 64 条主要河道拓展到市域 815 条河道。同时，村(社区)范围内的小河道与“断头浜”一并纳入河长制管理。该文件明确了河长的主要责任：

河长“对所负责河道(含所分工包片地区)的水生态、水环境持续改善和断面水质达标负领导责任，牵头组织所管河道综合整治方案的制定、论证和实施，强化横向协调、落实长效管理，对断面水质达标负第一责任”。[②]

该文件规定了市域范围内的三级河长及其构成体系，即市委、市政府领导担任一级河长，县(市、区)党政领导担任二级河长，镇(街道)、园区主要领导担任三级河长[③]。这标志着河长制在无锡市的全面推广。根据无锡市水利局和无锡市水利学会提供的材料，截至 2010 年 8 月底，河长制管理对象覆盖到村级河道，至此实现了河长制管理全覆盖[④]。

为推动河长制的实施，当地同样建立了管理保证金制度，迄今为止，很多地方仍在

---

① 参见无锡市惠山区环境保护局《关于成立惠山区环保局乡镇水环境质量“河长制”监测断面达标工作领导小组的通知》。

② 参见中共无锡市委、无锡市人民政府《关于全面建立“河(湖、库、荡、氿)长制” 全面加强河(湖、库、荡、氿)综合整治和管理的决定》。

③ 同上。

④ 参见无锡市水利局、无锡市水利学会《无锡市“河长制”管理推行实施后评估报告(审查稿)》(内部资料)，2014 年。

实施河长治水保证金制度。这与招商引资中的保证金制度具有类似的逻辑，即河长在年初向区河长制管理保证金账户交纳保证金，上级河长年终根据考核结果决定是否返还保证金以及实施其他的奖励或惩戒措施。一般情况下，上级根据“水质好转”“水质保持稳定”以及“水质恶化”三个标准的考核结果，决定河长保证金的处理方式。同时，还根据特定空间范围内的水质排名，对河长实施相应的激励机制。比如，惠山区玉祁镇的河长制保证金制度中设置的“奖优罚劣”办法如下（见图3-1）。

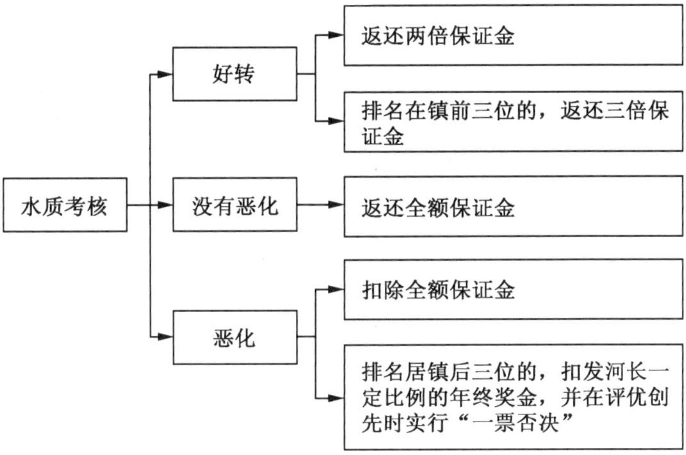

图3-1　江苏省无锡市惠山区玉祁镇的河长制保证金制度

注释：根据《无锡市惠山区玉祁镇人民政府关于全面开展“河长制”管理工作的实施意见》绘制。

此外，河长问责机制对严格奖惩和责任追究等都做了具体规定。一般而言，问责以约谈、诫勉谈话和通报批评为主。在此环节，纪委、组织和监察等部门参加，给予在场的河长以实际压力。由此，这种压力机制推动了河长制的实施。（访谈编号：WXS2017092902WX-SLJ）

第五节
河长制产生的结构性因素

经过多年的环境治理，曾经触目惊心的污染及其影响都得到了不同程度的缓解，有的“污染典型”已经转型为“良治典型”。对于“90后”及此之后出生的社会成员而言，当时的污染状况很可能已经超出了他们的想象空间。同时，对于严重恶化时期的环境状况，如果没有直接的社会体验，亦是无法想象的。因此，理解河长制的起源，需要回溯当时的环境状况。

一、回应缺水社会的环境挑战

1. 缺水社会及其表征

水不但须臾不可或缺，而且在人类社会运行和社会发展中扮演着极其重要的角色。斯蒂芬·所罗门(2018:17)认为，“无论哪个时代，谁控制了世界主要海上航道或大河流域，谁就控制了帝国权力的咽喉”。这种控制论并不足取，但它恰当地揭示了水的极端重要性，特别是在水资源脆弱性和紧缺性日益彰显的时代。他还认为，许多社会历时性衰退和坍塌的共性原因之一就在于不能有效破解水问题的挑战。在淡水稀缺和生态恶化叠加的时代，控制日益稀缺的水资源，正在影响着21世纪的世界秩序与社会命运(斯蒂芬·所罗门，2018:387)。

缺水是一项全球性挑战。据联合国数据：“全世界有11亿人得不到干净的水，每天大约有6 000名儿童死于不卫生的水或不合格的卫生及清洁条件所引起的疾病。”①可能正因为如此，斯蒂芬·所罗门(2018:391)用“贫水社会”这一概念指出这一重大社会挑战。中国同样是个缺水或贫水国家，是“全球13个人均水资源最贫乏的国家之一”。相关数据显示，中国人均水资源占有量为世界人均水平的1/4。毫无疑问，严峻

① 参见《2020“世界水日”，保护生命之源，我们从点滴做起》，澎湃新闻2020年3月22日，http://www.the paper.cn/news/Detail_forward_6637261，访问日期：2020年3月22日。

的水污染加剧了水荒矛盾。但是，缺水危机并没有对惊人的水资源浪费和肆意排污现象构成强有力的制约，这是因为缺水分布并不均匀，同时，有些群体能够通过权力和资本等路径获取优质的水资源。就中国而言，在应对缺水社会的压力面前，工程措施备受推崇。一方面，各地通过引江济太、引江济巢等工程，增强水动力系统，增进水体交换频率和污染稀释力度。另一方面，国家通过南水北调等大型工程应对水资源分配的不平衡矛盾。这些措施在增强水动力和优化水资源分配方面具有重要意义，但无法从根本上解决水问题。因此，国家越来越重视水资源管理。在某种程度上，河长制是因应这种需求而产生的治水制度。

缺水社会的主要诱因包括水资源总量不足、分配不均和水质污染。它不仅存在于水资源匮乏地区（台文泽 等，2018），而且存在于水源丰沛地区。陈阿江与邢一新（2017）划分出三种缺水社会类型：失蓄型缺水、失序型缺水以及水质型缺水，其中，水质型缺水即由工业社会的水污染所致。中国面临着严峻的环境污染诱发的缺水压力。全国人大原副委员长盛华仁（2004）在 2004 年全国人大环境与资源保护工作座谈会上指出，水污染形势异常严峻，江苏省反映“污水到处流淌”，浙江省发出“江南水乡无水喝”的呼声，云南省主要湖泊中Ⅴ类和劣Ⅴ类水质占比超过 45%。可见，无论是作为“高原水乡”的洱源县，还是作为“江南水乡”的长兴县与无锡市，都遭遇了水质型缺水这一现代性困境。为表述聚焦起见，笔者着重对太湖流域的缺水问题展开素描。

太湖流域的工业化起步早。其中，苏南乡村工业化道路被誉为“苏南模式”（费孝通，1992：538），对中国经济社会发展产生了深远影响。苏南乡镇企业发展与落户农村的下放干部和知识青年发挥的“城乡之间牵线搭桥和厂社之间联系挂钩作用”（周铁镇志编纂委员会，2008：112）密不可分。无锡是“苏南模式”的重要组成部分，它号称“中国乡镇企业的发祥地”。早在 20 世纪 70 年代初期，无锡社队工业就呈现出了快速发展态势，极大地推动了地方经济社会发展。比如，无锡县①有着“华夏第一县”的美誉。1973 年，无锡县成为社队工业产值最早突破亿元大关的县。改革开放后，无锡县工农业总产值、乡镇工业产值、财政收入连续多年位居全国之首（无锡县志编纂委员会，1994：1－6）。然而，“村村点火、处处冒烟”的工业化和遍地开花的乡镇企业，在催生经济发展奇迹的同时，也导致了严重的生态破坏与环境污染，其中，尤以水污染问题突出。

事实上，早在 20 世纪 70 年代，当地水污染问题就已经比较突出；到了 80 年代，河

① 无锡县原为江苏省无锡市所辖的一个县。1995 年，撤销无锡县，并在其原辖区域设立锡山市（县级市）。2000 年底，经国务院批准，撤销县级锡山市，设立无锡市锡山区与惠山区。

道水体污染已经普遍化和常态化。当时，农村地区的地表水和浅层地下水已遭受污染，村民开始大量从深井取水（水利部太湖流域管理局 等，2018：329－331）。但是，过度开采地下水导致了地下水位下降，引起地面沉降等地质灾害。在此阶段，费孝通也注意到了环境污染问题。1984 年，费孝通（2009a：257－258）就呼吁积极推动环境治理。在《小城镇　再探索》中，费孝通（2009a：358－359）再次强调乡镇工业面临的需要迫切解决的问题，其中就包括“环境污染的治理”这个现实问题。但由于众所周知的原因，水污染并没有得到有效治理，反而是愈演愈烈。到了 21 世纪初，全市河道中绝大部分水质已经恶化为Ⅴ类或劣Ⅴ类，太湖沿岸和内陆湖荡的水质大部分也沦为Ⅴ类（无锡市水利局，2008：2）。作为隔湖相望的邻居，浙江省长兴县的水环境呈现出与此类似的态势。简言之，严重的水污染导致了丰水地区出现了缺水困境。

2. 缺水导致的社会问题

首先，饮用水危机。水乡地区的先民往往以就近河湖为水源地。20 世纪 70 年代之前，中国农村居民以饮用河水为主，辅以浅层地下水。之后，由于工业污染、农业与生活污染影响，很多地方的河水逐渐不再适合饮用。如前所述，仅在 1988 年一年，长兴县的水源地就发生多次水污染事故，此后，水源地被迫易址。而《无锡县志》（无锡县志编纂委员会，1994：167－168）提供的当地饮用水演变的历史性素材，有助于我们更好地理解公众饮用水源之演变：

20 世纪 50 年代，农村居民主要饮用河水。70 年代起，鉴于地面水污染日趋严峻，农村居民逐步改用浅井水。到了 70 年代后期，随着社队工业发展，环境问题更加严重。80 年代初，全县供生活用水的 8 万眼浅井，也受到不同程度污染。到了 1985 年，全县主要河道水体普遍遭受污染。于是，各个乡镇纷纷兴建以地下水为水源的自来水厂，部分地解决了居民饮用水和工业用水问题。但是，由于开采过量，出现了明显的地下水位下降问题。

20 世纪 90 年代之后，工业污染严重地区的河水已经不能用于庄稼灌溉。无锡市周铁镇一位退休的村党支部书记描述了当时的情形：

当时，大量化工污染直排或偷排，水污染问题十分严峻。水体发黑发臭，不但不能饮用和洗涤，而且不能用于灌溉，否则庄稼会枯萎甚至死亡。当时，鱼类大量死亡事件经常发生。此外，很多河道中是不长草的，都被化工污染物毒死了。（访谈编号：2017090201ZTZ-HZS）

出生和成长在无锡的一名水利系统干部还记得 90 年代的“水色”变化情形：

那时，河水一天要变几次色。我早上上学的时候，路过河流的河水是红色的；等到我下午放学回来，河水就变成了蓝色。因为早上是钢铁厂排水，傍晚是印染厂排水。

（访谈编号：2017092902WX-SLJ）

更突出的问题是，大面积的蓝藻对无锡市水源地构成了威胁。蓝藻是水体富营养化的表现。20世纪80年代后，太湖、滇池等湖泊纷纷出现蓝藻集中暴发现象。据《太湖志》记载，早在20世纪80年代初，太湖蓝藻水华就在五里湖（太湖伸入无锡的内湖）出现。80年代中后期，每年暴发2～3次，且分布范围扩大到梅梁湖（水利部太湖流域管理局 等，2018：454）。太湖首次规模性藻类暴发发生于1990年，是年7月发生在无锡的梅梁湖。彼时，无锡市沿湖自来水厂不能正常供水，116家工厂被迫停产。据统计，死鱼超过40 000千克，直接经济损失1.3亿元（水利部太湖流域管理局 等，2018：454）。饮用水安全问题由此凸显，水质型缺水开始成为社会矛盾。据统计，1990—2006年，太湖富营养状况呈恶化趋势（其中，2000—2003年间部分指标有所下降），藻类事件几乎年年暴发（王鸿涌，2009：187－188）。而2007年的蓝藻事件则引发了严重的饮用水危机，其影响可谓震惊中外。

2007年4月，梅梁湖等湖湾出现大规模蓝藻集聚，无锡市太湖饮用水源地受到严重威胁。5月16日，梅梁湖水质变黑；22日，小湾里水厂停止供水；28日，贡湖水厂水源地水质严重恶化，水源恶臭，水质发黑……无锡市居民自来水臭味严重……（水利部太湖流域管理局 等，2018：545）

据官方统计数据，“除无锡水厂外，其余占全市供水70％的水厂水质都被污染”，自来水龙头里放出的水既黄且臭，200万市民的生活饮用水遭受污染①。在此背景下，当地生产和生活秩序受到严重影响，导致社会恐慌。公众关于“干净水”“安全水”“放心水”的需求十分强烈，成为倒逼地方政府强化水污染治理的重要社会力量。

其次，公众健康受影响。从20世纪80年代中期开始，无锡市政府陆续关停了不少沿湖和沿河的污染企业，但由于关停企业占比不大且多为小型企业，污染排放总量有增无减，因此，污染形势持续恶化。水污染通过食物链等渠道影响公众健康，导致消化系统疾病甚至诱发癌症。取材自太湖蓝藻事件的电影《河长》②就反映了水污染与公众健康受损甚至死亡之间的关系。然而，在现实生活中，确认污染与健康受损之间的因果关系并不容易，这正是很多污染致损久拖不决的重要因素，也是很多地方的环境问题向社会问题转化的重要驱动力。

第三，区域被污名化。很多企业沿河而建，没有污水处理设施或者有设施而不运

---

① 吕明合：《太湖治污20年投入百亿元未遏制水质恶化》，《广州日报》2012年2月1日，http://news.sina.com.cn/green/news/roll/2012-02-01/040223863316.shtml，访问日期：2019年7月29日。

② 《河长》被称作是中国第一部反映水危机的环保电影，于2009年上映。它取材自2007年太湖蓝藻事件，讲述了工业污染引发饮用水危机以及由此掀开的一场关闭污染企业、淘汰落后产能的铁腕治污行动。

行，工业废水直排或偷排入河。尤其是，有毒有害物质的直排、偷排和漏排，造成了严重的负外部性。经由大众传媒特别是境外媒体的报道，周铁镇等化工重镇变得声名狼藉，近乎沦为污染的代名词。同时，“毒蓝藻”以及“太湖水致癌物超标”（陶逸骏 等，2018）等传言，也对当地民众造成了心理负担。

可以说，世纪之交的时候，水污染触目惊心。民众上街游行抗议，《美国之音》等国外媒体都纷纷报道。外界一提到周铁就能想到污染，我们与污染之间被画了等号。（访谈编号：2017090201ZTZ-HZS）

最后，社会冲突愈演愈烈。水污染导致公众遭受利益损失，甚至不敢吃本地粮食、瓜果蔬菜以及鱼虾。重污阴霾下，治理水污染成为民众的强烈诉求，很多人自发地对企业排污现象进行监督和举报。而严重的水污染事件则引起了民愤，催生了利益受损者的环境抗争行动。有的还引发了集聚性的民众抗议，甚至引起了跨界纠纷。在环境污染引发的社会冲突中，地方政府因为“维稳”等陷入环境纠纷、社会矛盾和利益摩擦的漩涡，甚至取代企业转而成为民众怨恨的对象。

总之，频发的水污染和严重的水危机产生了综合性和连锁式的反应，导致了很高的社会代价与社会成本。其中，对于江浙地区而言，还存在着“衣食足而忧环境”的逻辑，民众环境诉求的声音更高，环境信访等行为更多。缺水社会的这种结构性后果，倒逼地方政府必须响应民众的环境诉求，并需要适时创新水污染治理机制。

二、应对自上而下的考核压力

第三次全国环境保护会议期间，环境保护目标责任制被确立为一项环境管理制度。它将“承包经营责任制”引入（本刊评论员，1990），凸显了地方行政首长的责任制，被视为符合中国国情的环境管理制度。根据国家政策要求，无锡市很快实施了环境保护市长负责制。然而，除了水源地等特殊区域，环境保护目标责任制的实施绩效与预期相差甚远，行政首长的责任制并没有筑牢。其背后的原因很清晰，即在经济发展几乎“唱独角戏”的情境下，环境保护在实践层面无法受到实质性的重视。

太湖位于经济发达的长江三角洲地区，是国家重点治理的“三湖三河”之一。但是，太湖水污染陷入了久治不愈且不断恶化的境地。国家在 1991 年启动首期太湖治理工程，但 14 年后即 2005 年当国家启动第二轮太湖治理时，污染面积从不到太湖面积的 1%扩大到 80%以上①。此外，国家太湖治理“零点行动”等非常规机制也都以失败

① 吕明合：《太湖治污 20 年投入百亿元未遏制水质恶化》，《广州日报》2012 年 2 月 1 日，http://news.sina.com.cn/green/news/roll/2012-02-01/040223863316.shtml，访问日期：2019 年 7 月 29 日。

而告终。为此，国家和地方政府以及大众传媒，都在反思太湖治理无效的根源，都迫切需要寻求水污染治理的良方。2007 年的蓝藻事件发生后，这种需求变得更加强烈，同时，自上而下的考核力度日趋增强。

蓝藻事件说明经济发展模式与国家当时开展的贯彻落实科学发展观的要求相悖，对地方政府产生的压力可想而知。时任省委主要领导指出，它"给江苏造成的损失是巨大的"，同时认为"苏锡常全面小康的成果也被颠覆了"[①]。蓝藻事件的次月，国务院太湖水污染防治座谈会在无锡召开。时任国务院总理温家宝作出批示："太湖水污染事件给我们敲响了警钟，必须引起高度重视，要认真调查分析水污染原因，在已有工作的基础上加大综合治理力度，认真研究具体的治理方案和措施。"（吴文庆，2019：5）是年 6 月底，温家宝到无锡视察。在与居民交谈时，他说道："我代表中央政府向大家表示歉意。……太湖不能再污染了！太湖要花大气力治理！"（尤希良，2007）

在此背景下，国家和江苏省都对太湖治理和无锡治水设置了考核指标。其中，国家考核体系中设置了"两个确保"，即确保饮用水安全、确保不发生大面积湖泛，同时设置了国家考核断面水质达标率等体系化的考核指标。无锡市政府也向社会各界做出污染治理的承诺，并与其下辖的市（县）、区签署水污染治理"军令状"，作为其完成自上而下的环保考核指标的抓手。此外，为了完成绩效考核的刚性任务，地方政府必须主动"面壁思过"，必须寻求非常规治理机制。

三、破解治水的体制机制障碍

长期以来，水污染治理面临着严重的体制机制障碍，突出地表现为经济发展与环境保护关系的结构性失衡以及"九龙治水水不治"的结构性困境。如何破解这种结构性矛盾，是政策研究部门和政府职能部门一直在思考的课题。在某种程度上，这种结构性紧张倒逼着改革实践（吴忠民，2015），倒逼着水污染久治不愈背景下新型治水机制的出台与问世。"倒逼"这一概念来自经济学，最初指的是"在强政府干预体制下，国有企业和地方政府出于自身利益，要求商业银行不断增加贷款，从上而下迫使中央银行被动增加货币供应的一种货币发行机制，其扩张性的内涵则是指一种由具体问题和实践压力逆向推动经济社会体制和各种制度进行转变的动力机制"。（李友梅，2018）在经济社会发展和社会治理领域，特定的危机事件往往是促使制度革新与政策出台的重要倒逼力量。对于河长制而言，治水的体制机制障碍是其产生的重要倒逼机制。

---

① 参见《江苏全面打响太湖治理攻坚战　治理不好就不能宣布实现现代化》，《领导决策信息》2007 年第 28 期。

一方面，扭转经济发展与环境保护之间的扭曲关系必须要有强有力的抓手。受GDP挂帅的政治锦标赛（周黎安，2007；2017：364）、政经一体化开发机制（张玉林，2006；张玉林 等，2003）以及政绩跑步机（任克强，2017）等机制驱动，地方政府成为经济发展的“运动员”，常常无法平衡经济发展与环境保护这个天平。由于经济发展与环境保护的关系长期处于扭曲状态，环境保护被边缘化，环保法律法规常处于“文本规范”与“实践规范”相分离（陈阿江，2010）状态，环保制度并没有转化为治理效能，由此导致水污染久治不愈。与此同时，自上而下的环保问责和自下而上的民众诉求都日益强烈，这种现实挑战倒逼地方政府加强机制创新，将水污染治理纳入中心工作，以调适经济发展与环境保护的关系。

另一方面，突破“九龙治水水不治”的结构性困局必须要有新机制。所谓“九龙治水”是一种形象的表述，指的是水污染防治涉及水利、环保、住建、国土、农业、林业、卫生、交通以及发改委等多个部门。在“九龙治水”框架下，既存在“政出多门”现象，也存在“各自为政”问题。所谓“各吹各的号、各唱各的调”，常常出现的是利益面前争相哄抢而责任面前则相互推诿。这种部门藩篱和利益藩篱，最终导致“九龙治水水不治”困局。[①] 这种现象在2019年播放的电视剧《起航》中得到了淋漓尽致的呈现：在市领导主持的芦潮河和南山湖的治污会上，部门之间竞相推诿扯皮。这种问题既是治污体制中的结构性障碍，亦是环境治理效能长期无法提升的结构性约束所在。可见，部门彼此扯皮加剧了治水失灵困境，蓝藻肆虐也就不可避免。因此，这种问题驱动机制倒逼地方政府打破碎片化的治理格局，以图推进系统性治理。而由地方行政长官挂帅治水，通过构建“领导挂帅、部门联动”的责任链条与联动机制，则在一定程度上打破了部门利益藩篱，扭转了职能部门之间职责不清和相互推诿格局。

四、开发社会治理的地方知识

1. 道路管理的路长制

现在，很多地方都在实施路长制，认为它是受河长制启发而产生的。而事实则恰恰相反，路长制的出台时间早于河长制，并且启发了河长制的政策设计。如前所述，浙

---

① 2018年组建的生态环境部，将分散在水利、农业、海洋、林业和国土等多个部门的污染监管职责进行了归拢和整合。破解“九龙治水”困境也是这种监管体制改革的初衷。生态环境部原部长李干杰认为，生态环境部的组建方案实现了“五个打通”：“第一，打通了地上与地下；第二，打通了岸上和水里；第三，打通了陆地和海洋；第四，打通了城市和农村；第五，打通了一氧化碳和二氧化碳。”参见孙奕、高敬：《环保部部长李干杰：组建生态环境部将实现“五个打通”》，《西宁晚报》2018年3月18日，第A10版。当然，这种改革在破解“九龙治水”方面的实际效果如何，仍需实践检验。

江长兴县在实施河长制时，路长制已经先行施行。在无锡市的河长制出台前，路长制同样也已经付诸实施。

2006年，无锡市城管系统以体制机制创新为先导，实施“路长制”管理。当时，市城市管理局牵头，在市区54条主要道路推行“路长制”管理。彼时，建立“路长”责任单位联系制度，每周召开一次联络单位工作会议，制作54条道路整治工作推进图，制定下发“路长制”管理工作推进方案，对整治中存在的问题以督办单的形式进行督促整改，开展“路长制”管理工作绩效考核。到年底，“路长制”管理成果已经扩大到198条市、区级道路。（无锡市史志办公室，2007:163）

当时，从市级自上而下签订了《主要道路“路长制”管理目标责任书》，高位推动这一管理机制。这种基于属地管理的道路管理模式取得了成效，对河长制的出台提供了经验借鉴。当然，水系纵横交错等原因导致河流治理远比道路管理复杂和困难。

2. 水利管理的圩长制

圩是生活在滨湖（河）地区的先民，为了生存安全和农业生产而修建的水利设施。圩是个具有地域特色的汉字，迄今为止，《新华字典》仍未收录该字。在其他地方，类似的水利设施一般叫作圩。圩与圩在本质上没有区别，但在形态层面呈现出圩小而圩大的特点。圩区设置的圩长和圩管会等管理与组织制度，强调了水利管理的责任制，这为河长制的出台提供了思想资源和地方知识。

据《长兴县地名志》记载：作为通名，长兴县的圩产生于明朝初年。圩成为地名通名被历史传承，主要存在于浙江省湖州市长兴县，湖州市其他县、区也有少量存在。在湖州以外，往往是“圩、门”连用成词，比如，浙江省绍兴市的圩门镇、广东省珠海市的圩门区等（长兴县民政局，2017:4）。圩区设有圩长和圩管会，这些管理组织的成型与长兴县的地势以及平原地区居民为应对洪水侵害而形成的自治管理模式有关：太湖流域西部雨季滞长，一年近半时间都是洪涝汛期。汛期常因山洪暴发和太湖水位抬高而造成决堤倒圩，洪水泛滥，农舍坍塌。因此，数千年来，百姓筑圩围田适地为农（长兴县政协，2019:93）。为应对洪水灾害和溃堤倒圩风险，当地建立了圩长制和圩管会。由此角度看，河长制可谓“渊源有自来”。据《长兴县水利志》载，当地一直重视圩堤管理组织建设。

对圩（圩）堤的管理，历代都较重视，并有相应的圩（圩）堤管理组织。民国以前，实行圩（圩）长负责制，视圩（圩）大小配备数名圩丁。民国年间，实行以圩（圩）为单位的堤董负责制，堤董、堤保均由各圩（圩）所在的乡镇公所推选。圩（圩）内农田面积在500

亩[①]以上者，设堤董2人；农田面积增加则相应增加堤董人数，最多不超过5人。设主任堤董1人，由县政府任命。

中华人民共和国成立后，全县各主要圩(圩)均以圩(圩)为单位建立了圩堤管理委员会。视圩大小定管理人员，一般5～7人，至多11人。设正、副主任，由民主选举产生，经组织批准任命，隶属乡、村级政府(村级政府的表述是错误的——作者注)。堤坝管理委员会下设工程、财务、物资器材、巡逻、保卫、多种经营等管理机构。(长兴县水利志编纂委员会，1996：225)

圩管会具有自治属性，圩管会建立圩章圩规以管理圩区事务。所谓圩章圩规就是乡规民约，主要涉及如何保护圩区、谁来保护圩区以及责任分配与任务分担问题。在圩管会内部，圩长为大，由老百姓推选出来，一般由占有土地比较多的大户担任，或者对圩的情况比较熟悉且能够指挥调动圩上物资与人力的人担任，这意味着圩长在当地必须具有权威，具有号召力。圩的主要功能是防涝防汛，对于圩的管理最重要的就是圩堤管理。因此，圩长肩负着重要责任。圩上敲锣鼓的时候，村民都要积极响应，以防倒圩亦即决堤。(访谈编号：20191017CXX-SZQ)

"文革"期间，圩管会的组织体系正常运行，因为它关系千家万户的安全。圩长在圩区设施养护、日常巡查、基层防汛、农村抗洪救灾以及小型水利工程建设等方面发挥着重要功能，是一项重要的历史遗产。圩长制和圩管会的工作并不涉及水污染防治，与河长制是两种不同面向的制度。然而，作为一种责任制，圩长制在"责任到人"和清晰责任边界方面，对于破解水污染防治中管护主体责任不清具有借鉴意义。可以说，当遭遇现代环境污染困境时，这种具有地域特色的基层管理制度为河长制的出台提供了思想启发与经验借鉴。

3. 水污染治理的包干制

在河长制实施之前，水污染治理中就存在责任包干制度。比如，1995年，为改变城区河道河浜内垃圾成堆和水质严重污染状况，无锡市着手健全河道河浜管理体系，建立市、区、街道三级管理网络，层层签订河道河浜管理任务书(郁有满，2008：80)。1996年，市政府成立太湖无锡水域水环境综合整治领导小组，与各市(县)、区和市有关部门负责人签订责任状(无锡市地方志编纂委员会，2015：44)，进一步扩大了治水包干制度的实施范围。鉴于太湖治理需要，这一制度很快被应用到太湖流域水污染治理实践中。

从国家治理的角度看，包干治理具有历史传统。比如，家庭联产承包责任制就是

① 1亩≈666.7平方米。

包干治理的典型。生产任务“发包到户”极大地提高了生产效率。此外,“分灶吃饭”的财政包干制具有类似的逻辑。有学者认为,包干式治理是理解中国政府间关系和政府治理方式的关键概念(吕亚奇,2018)。中国的国家治理具有“治官”传统。中华人民共和国成立以来,党政领导责任制是一项重要机制。在环境保护领域,国家自 1989 年开始施行环境保护目标责任制,要求各级行政长官(省长、市长、县长以及企业厂长)层层签订责任书,并规定在任期内需要完成的环境保护指标(孙雨,2019)。此外,国家 1988 年开始实施了“菜篮子”市长负责制,1995 年开始实施了“米袋子”省长负责制,这些制度实施过程中出现过阶段性的力度削弱现象,而一旦诸如粮食安全、菜篮子出问题,国家就会强化这些制度的实施。可以说,行政长官挂帅治理水污染延续了类似的制度传统。

综上,路长制、圩长制和水污染治理的包干制,都具有责任制特征。其中,圩长制具有民间管理属性,而路长制和水污染治理的包干制都强调了地方官员的责任边界。这种社会治理的地方知识为河长制的出台提供了重要经验借鉴。

第六节
不变体制变机制

一般而言，体制指的是特定的制度体系，是在相关领域或组织间形成的一种整体性的关系架构（李松林，2019），具有制度性、原则性、结构性和相对的稳定性。而机制原指机器的构造和动作原理，后成为社会科学研究中的一个高频词汇，指的是社会有机体各部分之间的相互联系、相互作用的方式（赵理文，2009），具有灵活性和权变性。作为特定结构箱中各个要素或组成部门之间的相互联结与相互作用方式，机制的良性构建对于促进社会有机体的发展具有重要意义。沿着体制与机制的脉络，学界在社会治理中常常采用治理体制与治理机制的概念表述。有学者在乡村治理研究中认为，“治理体制主要指中央与地方、国家与农民的结构性关系，体现了国家权力结构的普遍性约束和规范性表达。科层制是治理体制的基本形态”。而治理机制主要侧重特定目标的治理要素配置，它聚焦于治理主体通过治理规则和治理资源达成相应的目标（杜鹏，2020）。

治理体制对治理机制具有约束性，而后者亦能在一定程度上反塑治理体制。一般而言，治理体制决定了治理机制创新的边界与空间，而治理机制调整则能弥补体制的缺陷、维系治理体制的有效性（杜鹏，2020；李松林，2019）。体制改革是一项系统工程，常常“牵一发而动全身”，相比之下，机制创新则具有较大的灵活性和自由度，在体制改革尚未启动的背景下进行机制创新是一条重要路径。对于环境问题而言，机制创新的动力在于突破被经济发展约束的环境治理结构（刘学敏，2017）。机制创新具有“摸着石头过河”的属性，主要依赖地方的能动性和创造性。当然，地方环境治理的机制创新及其试验经验成熟后，会被政策吸纳成为体制改革的重要知识来源。

河长制是中国环境治理中的一项独特机制，源自水乡地区的探索与试验。它是在国家尚未启动生态文明建设的体制改革时进行的治水机制创新，其基本特征可概括为“不变体制变机制”。众所周知，分而治之（易兰 等，2020）的治理结构没有实现有效的治污责任划分，反而加剧了治理资源的分化甚至匮乏。此外，水污染治理进程中存在着央地冲突、部门冲突以及区域冲突。当既有的治理体制存在结构性障碍而体制改革尚未启动时,地方政府通过机制创新是推动问题解决的重要路径。而河长制恰恰是对水污染治理中的组织运行架构进行的非结构性革新与资源配置的适度调整,并不涉及环境治理体制形态的变革,这符合中国渐进式改革的总体规律。

中国地方政府创新不是迥异于现有制度框架的“全新”创造,而是对既有框架的纠正与完善(杨雪冬,2011)。在体制框架内“对微观的治理机制做出调整”(狄金华,2019:75)有助于降低改革风险。其实,这种机制创新是很多领域都普遍存在的社会现象。就河长制而言,它是充分“利用现有行政资源”且“与体制常态密切结合”的机制创新(陶逸骏 等,2018)。地方政府进行系统性的体制改革空间有限,但能在机制创新层面进行调试与改革。当时,国家对水污染高度关切,出台了很多法律与政策。然而,由于顶层设计层面尚未启动终身问责、离任审计等强有力的环保问责机制,地方政府普遍偏向经济发展而不重视环境保护。对于创新试验地而言,它们面临着缺水社会的环境挑战特别是自上而下的考核压力,因此,有些地方政府在不触碰体制改革的前提下实施了机制创新的折中方案,力图“以变促通”。而国家全面推广后,河长制在组织架构和运行机制等方面都发生了很大变化,这种变化恰恰是在国家生态文明建设的体制改革背景下发生的。

机制创新是一项渐进的制度调试,也是中国环境治理领域的一种常见举措。这表明地方政府具有较强的韧性,当环境治理体制不畅且环保日趋从紧时,地方政府让主要的领导干部承包治污责任,实行责任机制(明确治水责任)、问责机制以及激励机制(年终考核奖励),既可在一定程度上减轻自上而下的问责压力,也有助于建设水生态文明。在实践层面,河长制对行政首长环境保护目标责任制进行了操作化,促进了水污染治理的机制重构和资源配置能力的再生产,在一定程度上破解了各自为政矛盾,为水污染治理提供了“赋权”和“赋能”抓手。由此,河长制将“治污”与“治官”统筹起来,在整合治污力量和传导治污压力方面实现了机制再造。

第四章 地方试验的区域扩散

创新扩散并不是创新生产地（发明者）向创新接受地（采纳者）的单向输入或者后者对前者的单向接收过程，而是一个多重社会与政治因素互动的结果。在河长制的地域性扩散过程中，存在着两种现象。一种是创新孤岛效应。早期的河长制没有产生社会轰动效应，其应用范围囿于县域。另一种则是质疑中的扩散。无锡市河长制的出台可谓“自带光环”，甫一问世就引起了媒体的广泛关注和学界的广泛讨论。其中，学界对其存有很多的批判，其中尤以“人治”批判最为刺耳。与学界质疑和批判形成鲜明反差的是，河长制的“朋友圈”呈现出不断扩大趋势，越来越多的省份前去调研学习，并自主推广和实施河长制。那么，如何对此现象进行解释？

第一节
河长制试水与创新孤岛效应

如前所述，河长制的起源有三条线索。其中，浙江长兴县水源保护需求促使“部门河长”向“行政河长”转型，出现了最早的村级河长；洱海治理过程中实施的河长制，诞生了最早的县级河长。然而，彼时的河长制突出的是河长自身的职责，尚未形成河长制的体系框架，两地的河长制亦都没有呈现“开枝散叶”效应。笔者将从概念正式问世的 2003 年到无锡市提出同名概念的 2007 年这段时间，称为河长制的试水阶段。在此过程中，河长制没有产生轰动效应，亦未引起其他地方的学习与观摩。

一、创新孤岛效应

地方试验常常产生两种截然不同的结局：一是地方试验“不声不响”，没有产生社会响应；二是产生轰动效应，引起媒体的广泛关注以及其他地区的借鉴和学习。其中，后者属于创新扩散效应，而前者可称作创新孤岛效应。

所谓创新孤岛效应，指的是地方试验成果的应用空间囿于试验地，没有引起上级政府的关注、肯定与推介，没有引起域外媒体的争相报道，没有吸引其他地区去借鉴与采纳。在很大程度上，这呈现出了无人问津的景象。这种创新孤岛效应是一种常见的社会现象，在创新领域普遍存在。河长制的早期试水就遭遇了创新孤岛效应。2003 年，浙江长兴县和云南洱源县都推出了河长制。其中，长兴县的河长制先在城区河道治理中试行，而后在全县水源地保护中应用，呈现出“县直部门河长→乡镇河长→行政村河长→县政府河长”的发展轨迹，河长分别由县直部门“一把手”（水利局局长和环卫处主任）、乡长、村委会主任（或村党支部书记）以及副县长担任。这呈现出了稳定的发展脉络，但是，并没有产生广泛的社会反响。洱源县基于洱海保护实践，实施了由县委书记和县长担任总河长、县处级领导担任河长、乡（镇）长担任河段长的河长制，此种河长制具有层次性，体现了县乡两级河长的覆盖面。但是，它同样没有产生社会反响，亦没有产生扩散或辐射效应。这是作为热点的河长制研究中尚未揭示的“黑箱”。简而言之，长兴县与洱源县在同年推出河长制，具有首创价值，但都没有产生示范效应，而是呈现出了创新孤岛效应。那么，为什么会出现这种现象？

二、创新孤岛效应的产生机制

1. 治理气候尚未形成

环境治理不是一项孤立的社会行动，而是嵌入在特定的政治与社会结构之中（陈涛，2020）。在河长制试水阶段，发展生产力是中心任务。由于“增长共识”位于执政党的纲领之中，地方官员的考评与晋升的激励机制和治理结构以及财政体制上的分权和分税，都是刺激地方政府偏爱发展经济的动力机制（张军，2005）。与之相比，环境治理虽然具有社会共识，但在政府系统中整体上处于“上热下不热”的状态，没有进入地方政府的中心工作范畴。彼时，压力型体制的覆盖范围主要包括经济发展、计划生育与社会稳定等领域。相比之下，环境治理方面尽管开始出现压力传导效应，但具有显著的区域差异性，其刚性囿于生态脆弱区、生态敏感区和重大环境事件发生区域。因此，在地方政府的注意力分配系统中，环境治理普遍处于神经末梢，甚至被边缘化。相应地，县域范围内探索的河长制难以产生共鸣效应，更难以被域外的地方政府所采纳。

2. 治理结构内部存在缺陷

早期的河长制在治理结构内部存在明显的缺陷。首先，与治水业务相关联的平行职能部门之间没有建立有效的联动机制。早期的河长制没有构建多部门协作的联动治水制度，“单兵作战”色彩明显。缺少部门联动效应和部门合作机制，限制了这种新机制的绩效彰显，亦影响了其经验推广。其次，河长治水行动未与组织部门和纪检部门构建有效的协同机制。由于治水绩效的评估未能与组织部门的考核与纪检部门的问责相挂钩，早期的河长制难以产生激励机制，更难以对治水不力者产生问责压力和震慑效应。就激励机制本身而言，长兴县的河长制没有设置激励机制；洱海保护中的河长制设置了环保风险金抵押制度以及完成考核指标后针对集体的奖励，但依然难以激活河长治水的动力。简而言之，早期的河长制是一项单一的治水机制，运作体系的严密性不足。诸如联席会议、环保问责以及“一河一策”等机制，要么缺乏，要么很不完善。这意味着，这些地方没有构建有效的、操作化的、可供其他地区学习借鉴的实施方案。

3. 上下联动机制的欠缺

早期的河长制没有构建上下联动机制。所谓“上”即获得上级肯定，所谓“下”即获得民众认可、媒体广泛报道、学界关注等因素的自下推动（谷志军 等，2018）。相比无锡实施的河长制，早期的河长制不是在重大环境事件背景下产生的，“吸睛效应”不足，没有引起外界媒体与学界的建构效应以及当地群众的关注，没有进入上级政府特别是中央政府及其环保部门的视野。这就意味着，这种治水机制缺乏“上”的推动以及“下”的支持。

其一，地方经验建构和“下情上达”严重不足。早期的探索与实践缺乏对上级政府或位于“条”线位置的垂直管理部门的经验上报。这意味着基层实践难以进入上级政府特别是上级主要领导的视野，难以获得相应的“批示”和资源投入。同时，这意味着这种实践缺少“经验塑造”“典型打造”的机会。县级政府及其职能部门具备的经验推介平台有限，而上级政府则有更多的资源和条件进行治理经验的包装与推广。简言之，缺乏“上下联动”机制使得基层的探索与实践难以产生示范效应，只能在县域范围内打转转。洱海保护中的河长制虽然存在大理州要求洱源县与大理市实施河长制的情况，但只是将之作为实施治水工程的一个微量元素，醒目度不够；而反观无锡市的河长制，则是以河长制统领治水工程。

其二，河长层级偏低且缺少社会动员。在试水阶段，最高层级的河长为县级。其中，长兴县 2003 年实行的是“部门河长”，水利局和环卫处话语权相对比较弱，难以有效地进行社会动员。2005 年开始实施“行政河长”，这是由乡长担任河长，且只在一个乡镇试行，难以产生辐射效应。而后的村党支部书记和村委会主任担任河长，属于在自治系统（村委会）内的探索与实践。2008 年由副县长担任河长时，无锡市的河长制也已运行一年。可见，早期的河长制主要是在基层运行。此外，没有动员社会力量加入河长治水体系，无法在社会层面产生反响，难以引起大众的关注。再者，这一时期的河长制运行缺乏充足的经费与技术支持，从而限制了其持续运作以及示范效应的产生。

4. 内外互通机制的匮乏

地方试验的自主扩散，需要以外界的知悉与认同为基础，而这不能离开大众传媒的社会建构。对于新生事物而言，如果大众传媒缺席，那么，其社会影响与社会反响都将大打折扣。在河长制试水阶段，有限的报道主要是试验地的报纸和电视，这些报道鲜有二次转载情况——没有引起其他媒体的关注和跟踪报道。其中，洱源县 2004 年 1 月才开通县人民政府新闻信息网（洱源县地方志编纂委员会，2018：34），其实施的河长制没有发布到本地互联网，更无法引起外界媒体的关注。在此背景下，也就难以引起中央媒体的关注和报道。可见，无论是传统媒体，还是新兴的互联网媒体，都没有对早期探索的河长制这一新生事物开展深度报道。此外，两地探索的河长制也都没有引起学界的关注，进一步限制了其社会反响。

第二节 一项机制背后的两种立场

无锡市在太湖蓝藻事件后实施的河长制，迅速产生了“吸睛效应”。这与其出台背景密切相关。太湖蓝藻暴发后，国家自上而下地都在寻找治污“药方”，探索太湖治理的新机制。市域范围内实施的由党政主要领导担任河长的河长制，立即引起了上级政府、大众传媒和学界的广泛关注。此后，很多地方前来学习和借鉴河长制。与官方系统评价不同，河长制的“社会评价”呈现出了两种声音，其中学界既有肯定也有深刻的批判，而公众则普遍期望地方政府履职担当。

一、学界质疑

政策创新常常存在着舆论悖论。一方面，社会各界特别是学界与政策领域的专家学者对某项制度创新“千呼万唤”，但它始终“犹抱琵琶半遮面”，政策方案迟迟不能正式出台。比如，鉴于地方保护主义等教训，学界、政策研究界以及传媒界，曾为环境保护垂直管理摇旗呐喊多年。然而，因为涉及错综复杂的利益关系，环保垂直管理长期被置于理论楼阁。直到 2015 年党的十八届五中全会要求“实行省以下环保机构监测监察执法垂直管理制度”，该项制度才进入有序推进阶段。在此之前，不少地方都开展了探索与实践，但其中的绝大多数都命运多舛。比如，本书绪论部分所提的沈阳早在 2008 年 4 月就开始探索环保垂直管理，但仅持续到 2015 年 5 月就因为难以为继而不得不放弃。这种悖论表现为社会各界对于某项制度的呼声高涨，但政策设计层面不为所动抑或滞后多年才开始绘制路线图和施工图，即政策设计与政策实施严重滞后于学界和政策研究界的呼吁。另一方面，某项制度创新遭遇了合法性质疑与批判，而这不但没有使其丧失活力或归于沉寂，反而扩大了其社会反响。比如，面对学界反思与批判，河长制保持了旺盛的生命力。

无锡实施河长制后，颂美者有之，批判者亦不缺乏。整体上看，政学两界的态度和立场差别甚大。在政府及其宣传系统中，河长制受到了普遍肯定与广泛好评。而在学术社区，有支持者，但同时存在很多质疑与批评。2009 年 5 月，原环保部（现生态环境部）主管的《环境保护》杂志就“河长制能否破解中国水污染困局”刊发了一组稿件，对河长制进行专题讨论，同样呈现出了两种不同的立场：有的学者旗帜鲜明地认为河长制破解了水污染治理的体制机制障碍；有的学者则基于辩证法原则在肯定河长制的治水效能的同时，阐述了其难以克服的困境。

河长制的反思之声主要来自学界。概而言之，质疑与批评主要包括以下几个方面。首先，认为河长制具有鲜明的“人治”属性，与现代法治精神不相匹配。学界认为其运行机制主要取决于行政官员的意志，而这会影响治水绩效的稳定性。其次，河长制忽视了公众参与，没有进行有效的社会动员。第三，河长制是应急机制，治标而不能治本，也难以实现河湖长治久安。最后，河长制中的形式主义丛生，问责机制形同虚设。其中，最刺耳的批评当属“人治”论。这种“职非法定”（刘超，2017）的批判论认为，河长制与环境治理的法律属性要求相悖。肖显静（2009）认为，河长制呈现出了有效性，但并非长效之策。尤其是，“重人治”一旦流行，容易干扰正常的环境行政执法机制。由此，他认为，环境治理应该采取“非河长制”的路径。王灿发（2009）认为，河长制本质上是人治而非法治。但他同时认为，二者并不存在孰善孰恶、孰优孰劣的问题，而是方法不同。由此，他的观点呈现出了与其他批评者相异的面向，即对国情和治理情境给予了更多的考量。当然，他也旗帜鲜明地提出，环境治理最终需要依赖制度建设。此外，也有极少来自地方环保系统的人士认为河长制重视的是人治而非法治（史春，2013）。媒体报道也有类似声音。2007 年 11 月，南方报业网发表的文章认为，河长制是“人治”的典型模式（转引自刘超 等，2012），这一声音可谓刺耳至极。在现代环境治理的理论视野中，依赖长官意志的河长制无法“实现水污染标本兼治的功能”，还可能影响“水污染防治制度的正规化和常态化建设”（刘超 等，2012）。总体上看，这种论点主要是从环境治理的法制化轨道开展的反思性讨论与批评。

观念冲突是影响政策试验走向的重要因素（吴怡频 等，2018）。一般而言，学界的专业意见会影响舆情传播，进而会在一定程度上影响新生政策的走向。同时，它也会对其他地方的采纳和应用产生促进或阻滞效应。中国倡导依法治国多年，“人治”论批判无疑会使河长制遭遇合法性危机。因此，学界尤其是法学界的诟病，从理论上说会给其他地方学习借鉴河长制的热情泼上一盆冷水。然而，事实表明，河长制并未因此而夭折，也没有因此而变蔫；相反，它在批评声中呈现出愈发强劲的创新扩散态势，被更多的地方政府采纳。后来，无锡市相关部门在不同场合反驳了“人治”言论，认为河长制“并不是简单依靠领导权威的人治，而是对国家有关法律法规规定的具体贯彻落实，是一项严密的行政管理机制和严格的行政责任追究制度。……（河长制）贯彻了有关法律法规的原则要求，符合无锡经济社会发展实际，具有鲜明的地方特色”[①]。这表明政府系统已经收到了外界的批评式反馈，并致力于去除“人治”标签。简而言之，河长制遭遇了质疑，并在批评声浪中成为一项“成功的治水模式”（詹云燕，2019）。此外，很多地方试验随着其倡导者和主要领导人的更替而中断，陷入了不可持续的困境。因此，河长制的可持续性亦是学界的重要观测点，并且有些研究将之赋予不被看好的前景。而实践表明，它并没有随着领导人的更替而偃旗息鼓，而是在扩散方面呈现出增强效应。

二、民众认同

如果只看学界观点，可能认为其不被社会欢迎，甚至遭遇社会排斥。其实，这并不是社会立场的全貌。一方面，学术社区并不尽是批评，而是基于辩证法的学术反思。另一方面，河长制与中国治水的社会与文化环境相吻合，受到了民众支持，只不过公众的立场与态度缺少学者思想那样的发表阵地。因此，我们需要全面理解上述争议。

中国具有“以官治水”的文化基础。中国社会与文化基因中对“领导重视”有着强烈认同。历史上的“当官要为民做主”等话语表达，不仅体现了官员需要具备的责任担当，更体现了社会对官员这一社会角色的定位与期待。因此，与其说是政府青睐这种机制，毋宁说是河长制契合了中国环境治理的文化基因。相比学术社区对环境治理理念的价值执着，普通公众则更具务实性：他们遵循“有效即合理”这一基本原则。就此意义而言，河长制具有很强的社会适应性。

相比较西方的环境治理，中国环境治理的文化基因与社会基础存在特殊性。西方的城邦历史塑造了公众在参与公共事务方面的制度环境，而中国环境治理中具有权威依赖特征。一方面，政府掌握着资源调配和解决问题的权力；另一方面，公众也形成了依靠行政资源的路径依赖。有研究认为，公众“用手投票”和“用脚投票”是影响环境政策制定以及应对环境问题的重要举措。但是，公众参与渠道存在差别。我国公众“用手投票”参与公共决策能力很弱，而户籍制度和城乡差别化政策使得公众也难以“用脚投票”（郑思齐 等，2013）。相比之下，中国的“关键少数”以及国家为其设定的晋升与惩戒等机制对环境治理绩效的影响更大。中国被视为环境威权主义的试验场，而环境威权主义恰恰可以“弥合官僚体制内部‘上动、下不动’政策执行困境”（贺璇 等，2016）。韩天博认为，中国的政策执行被认为是建立在干部责任制而不是法律责任基础上的，

① 参见无锡市水利局、无锡市水利学会《无锡市“河长制”管理工作实施后评估报告（审查稿）》（内部资料），2014 年。

其中，非法律责任的判定并不准确，但干部考核指标确是调整工作重心的关键所在（韩天博，2018：10）。河长制是一种由地方主要领导协调的跨部门的运作机制，而为跨部门协调设置的组织架构普遍存在着对权威（周志忍 等，2013）和干部考核指标的依赖。通过对水污染治理中的权力组织与资源配置进行重塑，河长制在一定程度上影响了地方政府的工作重心，这有助于对经济与环保之间的结构性失衡进行再平衡。在实践层面，河长制的运行机制体现了行政系统及其长官意志与注意力分配在解决社会问题方面的现实功能。

可见，河长制虽然面临着法治精神不足困境，但地方试验与法律法规之间、基层创新与依法治国之间的摩擦现象并不鲜见（周望，2013：154）。此外，尽管“强政府”存在着很多问题，但在特定的时空背景下，拥抱“弱政府”（汪锦军，2015）可能导致更多的问题。在中国的治水实践中，凸显政府功能有其现实依据。此外，公众的环境意识虽然显著增强，但往往倾向于认为这是政府的事情，实际行动的出发点往往以是否涉及自身切身利益为基准。对于尚未影响自身实际利益的环境问题，公众的谩骂往往多于实际行动，“干部干、群众看”的现象依然普遍存在。因此，在自主化的区域扩散时期，河长制虽然遭遇学界质疑，但它契合公众对政府治污的心理期待，也契合政府治理的基本逻辑。在很大程度上，正是这种本土文化契合与实用主义，使得河长制呈现出了生命力，并在争议中得以自臻，继而得到了广泛实践。

三、区域扩散的基本过程

1. 所在省域的扩散

无锡河长制的创新扩散最初表现为“毗邻效应”——河长制率先在苏南地区扩散开来。临近无锡的苏州市及其所辖张家港市和常熟市，常州市及其所辖武进区纷纷出台实施河长制的文件。其中，苏州市在全市范围内推广河长制①。这种就近扩散现象，与经典的创新扩散理论所揭示的扩散规律具有一致性。其实，这种就近扩散有其内在的客观原因。一方面，同为“苏南模式”的发源地，这些地方都面临着严重的水污染窘境，都在寻求治污“良方”，一个地方探索出被认为有成效的治理机制很容易引起左邻右舍的借鉴。另一方面，苏常两地与无锡毗邻，河湖相通，水系结构高度相似，无锡的治水经验具有可资比较的学习与借鉴价值。

2008 年 6 月，江苏省人民政府办公厅印发《关于在太湖主要入湖河流实行双河长制

① 2007 年 12 月，苏州市委办公室和市政府办公室印发《苏州市河（湖）水质断面控制目标责任制及考核办法（试行）》。

的通知》，这意味着河长制得到了省政府的肯定与推广。彼时，河长制是在江苏省太湖流域推广，尚未在全省推广。所谓双河长，指的是对入太湖的15条主要河流（见图4-1）实行省级河长与地方河长共同负责治理原则。其中，省级河长由省政府主要领导以及省发展改革委、经贸委、水利厅、建设厅、农林厅、环保厅等部门主要领导担任，地方河长则由河流流经的市、县（市、区）政府主要领导担任。其中，作为江苏省“太湖最大的入湖水源”，望虞河的省级河长由省长担任。[①] 由省长担任河长，这在全国范围内属于首次。

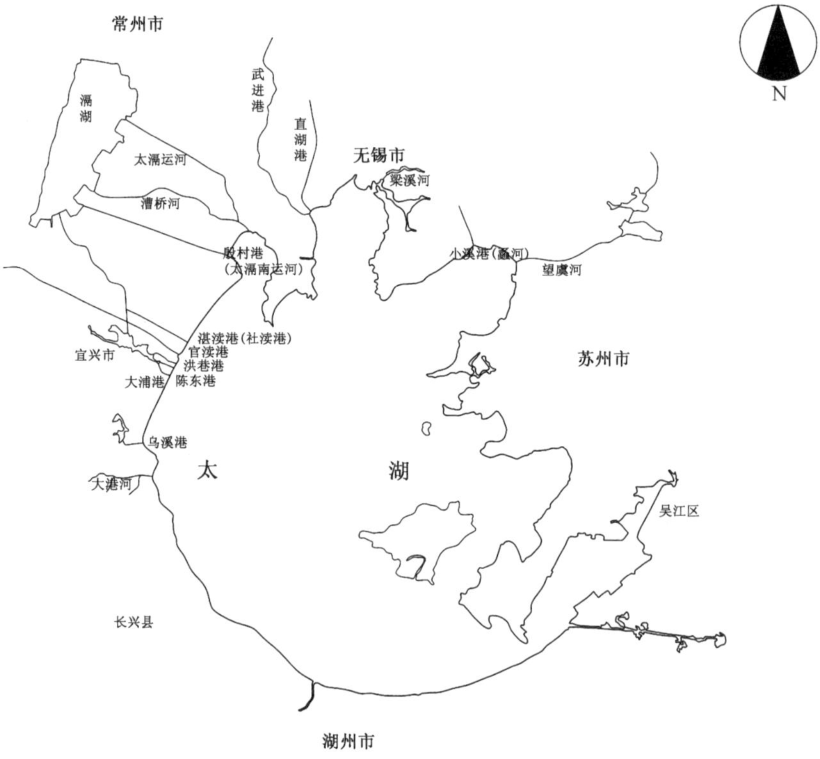

图4-1　江苏省实施“双河长”的15条入太湖主要河流（草图）

注：“双河长制”实施了将近11年半。2019年11月，“双河长制”体系不再保留。

河长制明确了属地责任，在一定程度上厘清了责任边界与治理范围。基于无锡试验、太湖主要入湖河流“双河长制”经验和省内其他地方的河长制探索与经验，江苏省于2012年开始全面推广这一制度。是年9月11日，江苏省人民政府办公厅印发《关于加强全省河道管理“河长制”工作的意见》，标志着河长制开始在全省推广。由此，江苏

① 参见江苏省人民政府办公厅《关于在太湖主要入湖河流实行双河长制的通知》。

成为全国最早在省域范围内全面推广河长制的省份。《关于加强全省河道管理“河长制”工作的意见》提出:“2015年全省全面建立县乡河道和村庄河塘‘河长制’管护制度”,并要求全省各级水行政主管部门都要设置河长制办公室①。由此,省、市、县、乡四级政府和村/居委会开始推行河长制。同时,河长制的功能定位发生了变化,除了“维护河道生态健康”这一目标外,还增加了“河道防洪安全、供水安全、生态安全”等功能定位,这是河长制承载功能首次超越污染防治维度,向外扩充。

2. 其他省域的扩散

频频被引的数据显示,2016年9月前,北京、天津、江苏、浙江、安徽、福建、江西、海南等8个省(市)党委或政府已经出台文件,在全境推行河长制;另有16个省(市、区)在境内部分区域实行了河长制,累计有24个省级单位。这一数据被认为源自水利部的统计(吴文庆,2019:8)。这一素材被广泛引用,相关研究文献也都将之作为“事实”加以接受。

但笔者发现,省域层面自主借鉴实施河长制的省级单位与上述数据略有出入。这里所说的省域层面,指的是由省(市、区)人民政府发文,在全省范围内推广,而不是省内的某个片区试点。安徽省芜湖县(现芜湖市湾沚区)于2015年成为水利部确定的河湖管理创新试点县,而该省并没有在全境推广。按此标准,在上升为国家层面治水政策前,全境推行河长制的省级单位有7个,而非8个。这些地方结合本地实际推动河长治水,让河长制得以落地生根。在某种程度上,相比河长制的发源地而言,有些地方对河长制的重视程度更高,推动力度更大,产生了“墙内开花墙外香”效应。

就省级行政区全面推广河长制而言,紧随江苏省(2012年9月11日)全面推行河长制的省级行政单位分别是天津市(2013年1月15日)、浙江省(2013年11月15日)、福建省(2014年6月5日)、海南省(2015年9月17日)、江西省(2015年11月1日)和北京市(2016年6月3日)等7个省(市)。可见,江苏省全面推行河长制比浙江省早了一年两个多月,比天津市早了四个多月。就全面推广河长制的地方而言,有2个省份在太湖流域,2个省(市)在长江以北。

首先,天津市实施的河长制。

2012年,天津市着手推行河长制,其初衷是为了贯彻落实2011年中央1号文件中有关“严格落实水环境属地管理责任制”的要求②,这是河长制的首次省际扩散。一年

① 参见江苏省人民政府办公厅《关于加强全省河道管理“河长制”工作意见的通知》。

② 佚名:《“河长”如何管河?——天津〈关于实行河道水生态环境管理地方行政领导负责制的意见〉解读》,《中国水利》2013年9月26日,第3399期,http://www.chinawater.com.cn/slb/4b/201309/t20130926_288251.html,访问日期:2019年8月7日。

后，为了破解水污染治理困境和创建“生态城市”，天津决定全面推广河长制。是年1月15日，天津市人民政府批转市水务局《关于实行河道水生态环境管理地方行政领导负责制的意见》，提出在“市河道水生态环境管理实行地方行政领导负责制（即‘河长制’）”。文件要求每条河道设置1名河长，并配备1名河长助理，其中“重点河道的河长由区、县人民政府负责人担任”，河长助理“由水务或环保等部门的相关人员担任”，同时，河长助理“具体负责对河道水生态环境的日常监管和巡查工作”；中心城区的市管河道的河长则由“市水务局有关负责同志担任”。① 由此，天津成为全国第二个全面推广河长制的省级单位。

其次，浙江省实施的河长制。

浙江与江苏同在太湖流域，毗邻的区域位置和缺水社会的结构性压力，促使两省在相互学习有效的治水经验方面已经形成了习惯。就浙江省而言，其工业和经济发达，具备通过治水倒逼经济转型的基础。同时，水污染诱发了很多社会冲突，公众对水环境质量改善的需求很大，公众的环境意识开始强有力地倒逼地方政府积极推动环境治理。据浙江省水利厅河长办副主任表述，浙江省推广河长制受到江苏和天津两地推广河长制的刺激。2013年上半年，他们先后到天津和江苏调研河长制的实施经验，期望通过治水淘汰高污染企业，从而带动和倒逼经济转型升级。（访谈编号：20190115HZ-SLT）同年11月15日，《中共浙江省委、浙江省人民政府关于全面实施“河长制” 进一步加强水环境治理工作的意见》出台，这是浙江省推广河长制的时间起点。该文件提出建立省、市、县、乡（镇）四级河长体系，并要求2013年底实现河长制全覆盖。② 实施河长制的过程中，浙江省提出了诸如“省长村长，都是河长”等口号与理念。

再次，福建省实施的河长制。

2014年6月5日，福建省人民政府印发《关于进一步加强重要流域保护管理 切实保障水安全的若干意见》，提出2014年底前全面实施河长制。文件规定建立四级（省、市、县、乡）河长体系，“河长、河段长负责牵头推进所辖流域的保护管理重点工作”，其中，“闽江、九龙江、敖江由省领导担任河长”。③ 这标志着河长制在福建省的全面推广。

---

① 参见《天津市人民政府办公厅转发市水务局关于实行河道水生态环境管理地方行政领导负责制意见的通知》。

② 参见中共浙江省委、浙江省人民政府《关于全面实施“河长制” 进一步加强水环境治理工作的意见》，转引自钱巨炎《浙江财政年鉴（2014）》，第17-21页。

③ 参见福建省人民政府《关于进一步加强重要流域保护管理 切实保障水安全的若干意见》。

第四，海南省实施的河长制。

2015年9月17日，海南省人民政府发布《海南省城镇内河（湖）水污染治理三年行动方案》，提出“全面推行河长制”[①]。通过该文件可知，海南建立的是市、县（区）和乡三级河长体系。2016年8月，海南省水务厅印发《海南省城镇内河（湖）“河长制”实施办法》，明确了实施细则。

第五，江西省实施的河长制。

2015年11月1日，《江西省实施“河长制”工作方案》发布，这标志着该省正式启动河长制。方案要求，省、市、县党委和政府主要领导分别担任行政区域总河长与副总河长，省、市、县党政四套班子领导担任河长。根据方案，江西境内所有河流（含湖泊）均实施河长制，并且在2015年底建立县级以上河长制组织体系。[②] 省级总河长由省委书记担任，省级副总河长由省长担任，这被外界解读为实施河长制规格最高的省份。

第六，北京市实施的河长制。

2015年，海淀区在水利部河湖管护体制机制创新试点工作中实施过河长制，这标志着河长制走进了国都，具有较大的政治意义。2016年6月3日，北京市政府办公厅印发《北京市河湖生态环境管理“河长制”工作方案》，提出2016年6月底前，全市范围内实施河湖生态环境管理河长制[③]，这距离中央深改组办公室下达起草全面推行河长制文件的时间只有1个月左右。

---

① 参见海南省人民政府《关于印发〈海南省城镇内河（湖）水污染治理三年行动方案〉的通知》。

② 参见中共江西省委办公厅、江西省人民政府办公厅《关于印发〈江西省实施“河长制”工作方案〉的通知》。

③ 参见北京市人民政府办公厅《关于印发〈北京市实施河湖生态环境管理“河长制”工作方案〉的通知》。

第三节
区域扩散的驱动机制

新生事物遭遇争议的结局往往包括两种情形，一是陷入萎靡状态或惨遭淘汰，二是在争议中推动自身的完善并实现持续发展。河长制属于后一种类型。在创新试验地的示范效应（推力）、借鉴地的需求效应（拉力）以及政治学习和媒体建构的外部带动效应（助力）中，河长制呈现出了“多点开花”和“由点到面”的扩散态势。

一、创新试验地的示范效应

治水绩效是河长制实现创新扩散的基础条件。20世纪80年代，同为国家的基本国策，计划生育执行力度很大，而环境保护的执行效果却不尽人意。究其根源，压力传导机制、问责机制和政绩考核机制的差别，引发了地方政府的注意力分配以及政策执行力度的不同。而党政“一把手”挂帅河长头衔后，地方政府在水污染防治方面投入了更多的资源，由此，河长制在倒逼企业转型、产业升级和地方“腾笼换凤”方面渐有成效，水污染这项“老大难”问题趋于缓解。

《无锡市河（湖、库、荡、氿）断面水质控制目标及考核办法（试行）》第八条规定：“各市（县）、区人民政府应在每月5日前将上月断面水质的监测结果报市环境保护行政主管部门”，后者“每月10日前将上月断面水质达标情况报市人民政府，由市政府予以通报，同时通报省相关考核结果”，且“考核结果纳入各市（县）、区党政主要负责人政绩考核的主要内容”。该文件还规定，全市46条河（湖、库、荡、氿）及其79个断面的水质监测结果纳入各市（县）、区党政主要负责人（河长）的政绩考核中，同时明确了下一年度的具体考核指标。[①] 试验表明，将水污染治理与党政领导的政绩考核进行挂钩切中要害，在一定程度上扭转了地方政府“重经济、轻环保”的惯性倾向，使得地方政府不得不将水污染治理与经济发展进行适当的平衡（王灿发，2009）。此外，河长治水绩效考核

① 参见《无锡市河（湖、库、荡、氿）断面水质控制目标及考核办法（试行）》。

以及问责机制的引入，让地方政府强化了对企业生产负外部性行为的监管与约束。试验表明，实施河长制后，太湖主要入湖河道水质以及湖泊水质渐趋改善，“试验河”治理成效日渐明显。一方面，主要入湖河道水质超标率趋于下降。据《太湖志》数据，在2001—2007年间，江苏省主要入湖河流污染严重，除了2003年的水质超标率为92.9%外，其余年份均为100%超标。实施河长制的翌年即2008年开始，超标率开始下降，其中，2008年和2009年为93.8%，2010年下降到87.5%（水利部太湖流域管理局 等，2018：458）。无锡市13条主要出入湖河道监测断面（全年综合判定）在2013年全部消除劣Ⅴ类，其中，有12条河流（占比92.3%）水质符合Ⅳ类及以上标准。[①] 这种绩效的取得是多方面因素作用的结果，完全归因于河长制并不准确，但它提供了资源撬动和水质改善的重要驱动力。此外，国家考核断面水质达标率和主要饮用水源地水质达标率开始稳定化。太湖蓝藻事件后，国家提出了“两个确保”的刚性要求，即“确保饮用水安全，确保不发生大面积湖泛”。实施河长制以来，在层层签订责任状和层层传导压力的机制下，江苏省连年实现了这一目标。《无锡市“河长制”管理工作实施后评估报告》援引的环保部门监测显示：“2011年无锡12个国家考核断面水质达标率100%，主要饮用水源地水质达标率100%。”[②]另一方面，在沿太湖城市GDP和人口双双增长的情况下，太湖水质持续向好。全面推广河长制的前一年（2015年）与对照年份（2007年）的水质比较，能更直观地凸显水环境改善效应：

2015年，太湖湖体水质由2007年的Ⅴ类，稳定改善为Ⅳ类，参考指标总氮为Ⅴ类，较2007年改善35.6%；太湖富营养化水平由中度改善为轻度；65个国控重点断面水质达标率为61.9%。上述各项指标均达到国家太湖流域水环境综合治理总体方案近期目标。河网水功能区水质持续改善，15条主要入湖河流年平均水质全部为Ⅳ类以上，全部消除Ⅴ类和劣Ⅴ类河流，而2007年有9条劣Ⅴ类河流。（张军红 等，2017：18－19）

治水与地方权力中心的挂钩效应，推动了传统意义上治理危机的破解。当然，水质改善是国家政策导向、经济发展方式转变等多重机制综合作用的结果，而河长制正是这一进程中的治水利器。河长制取得的治水绩效是它实现自主性扩散的客观条件，是其在诸多地方试验的“自由竞争”中脱颖而出、并于争议和批评声中快速扩散的核心机制。同时，在实施河长制伊始，无锡市就对这一创新实践开展了经验塑造，进行了大量的宣传报道，扩大了其社会影响。比如，无锡市委宣传部联合原国家环保部和昆山市委宣传部摄制的电影《河长》，就以影视题材的方式扩大了河长制的知名度与影响

---

① 参见无锡市水利局、无锡市水利学会《无锡市“河长制”管理工作实施后评估报告（审查稿）》（内部资料），2014年。

② 同上。

力。地方政府通过这种方式能够打造水污染防治的典型经验、塑造政府治污形象，同时，能够引导公众参与环境监督与污染治理，营造环境保护的社会氛围，从而进一步提升治水成效。相应地，治水绩效的呈现能为地方政府宣传治理创新品牌提供合法性依据。在此进程中，河长制得以广而告之，并成为创新扩散的内在推力。

二、创新接受地的需求效应

就创新扩散而言，相对试验地的经验推广，接受地的需求拉力更为重要。在某种程度上，治水需求加快了河长制的创新扩散及其落地生根的步伐。

1. 应对紧张化社会关系的需求

长期以来，粗放型经济增长和企业的利益最大化法则导致了严重的环境负外部性，不但对经济增长本身构成了对冲效应，还对社会秩序和政治秩序构成了严峻挑战。水污染引发了大量的社会矛盾，导致企业与民众的关系以及干群关系的日趋紧张甚至激烈冲突。相应地，如何有效应对日趋复杂的社会紧张关系就摆在了地方政府的重要议事日程中。

环境问题导致的社会矛盾具有频发性、群体性、连锁性和暴力性等特征。所谓频发性，指的是因为历史累积效应，大量社会矛盾在20世纪末21世纪前十年密集爆发，很多地方“一波未息一波又起”，地方政府疲于应付。就水污染而言，饮用水危机事件屡禁不止，水污染引发的公众健康受损等问题屡见报端，由此引发了大量的社会冲突事件。所谓群体性，指的是利益诉求者不再是个体化地开展行动，而是常常开展群体性诉求。在很大程度上，群体性环境上访与诉讼，是公众借助群体行为“吸睛”进而实现利益诉求的媒介。这在互联网等机制作用下能产生涟漪效应和风险放大效应，引发规模化人群的集聚。在环境事件中，除了网络围观者，直接参与人群集聚的往往少则数百，多则成千上万。所谓连锁性，即环境问题与其他社会矛盾往往相互交织，有时候，环境问题是其他社会矛盾的导火索或发泄口，很容易就能引起很多非直接利益相关者的参与，由此导致了更加复杂的社会矛盾。所谓暴力性，即环境事件中时常充斥着打砸抢烧、破坏公共基础设施甚至袭警和冲击政府机关等行为。日益尖锐的矛盾，导致了紧张化的社会关系，比如，社企关系恶化、干群关系恶化、警群关系恶化等。有学者认为，在环境群体性事件频仍和“稳定压倒一切”的政治逻辑中，地方政府被迫从“污染保护”转向“环境保护”(陈占江 等，2020)。而实现这种转变以及缓和日趋紧张的社会关系，必须要有可操作化且有效的行动方案。

应对水污染导致的紧张化社会关系，传统的部门治水无力回天。如本书第三章所阐述的，在“九龙治水”框架下，存在着“谁都可以管，但谁都可以不管”现象，其结果则是责任缺失和监管缺失，甚至出现“无龙治水”的尴尬困境。在某种程度上，重叠交叉的治水模式加剧了集体行动之困境。简而言之，在部门治理失灵的情况下，必须另辟蹊径，而河长制有助于解决管理的碎片化和机构之间的协同失灵难题(任敏，2015)，进而构建良性的社会关系。比如，作为全国第二个全面推广河长制的省级单位，天津市在2013年推广制度伊始明确指出河道治理面临的条块分割障碍，“河道水生态环境管理涉及市和区县两级政府，同时涉及市和区县的建设交通、国土房管、市容园林、农业、环保和水务等多个部门。现有管理体系责任不清，条块分割，协调联动机制不强”。因此期望通过河长制“建立协调联动机制”，解决水污染等问题。[①] 在河湖溪流众多、河网密布、水系纵横交错以及入湖河网跨不同行政区域的地方，河长制对于整合治污资源和推动整体性治理的意义更为明显。从全国来看，各地都需要应对水污染引发的日益紧张的社会关系以及部门治污中的普遍性困境，而以“首长负责、部门共治”为特征的河长制被寄予厚望，逐渐进入其他地方政府的视野范围。

2. 完成日趋严格的环保考核需求

中共十六大以后，随着科学发展观[②]的提出，国家环保力度日趋增强。比如，“十一五”规划(2006—2010年)明确了节能减排的约束性指标，即“单位GDP能耗降低20%左右、主要污染物排放总量减少10%”。为完成预期目标，国家设定了干部考核指标，“将能耗降低和污染减排完成情况纳入各地经济社会发展综合评价体系，作为政府领导干部综合考核评价”的重要内容。[③] 在随后的“十二五”规划中，国家进一步明确了节能减排的目标，地方干部意识到了节能减排的重要性，纷纷在各地的发展规划中明确落实任务的指标体系，同时，各省纷纷向下设置考核指标从而下移压力。从绩效来看，节能减排政策实现了预期目标，这可能是首个取得明显成效的环保政策，而其关键在于强化了对地方领导干部的压力传导。此外，国家环保问责的举措日趋刚性。松花江污染事件后，除了一批地方官员被问责，时任国家环保总局局长亦引咎辞职。在此背景下，寻求治污良策以完成日益严格的环保考核任务，成为地方政府的共性需求，这是河长制地域扩散的重要拉力。具体来说，这包括以下两重结构化需求。

其一，落实最严格的水资源管理制度。在贯彻落实科学发展观过程中，经济发展“转方式、调结构”成为一项基本要求。周黎安(2017:337)认为，在国家2007年推出“节能减排”问责制后，环境治理态势发生了深刻变化，全国污水处理能力快速发展，这种

---

① 参见《天津市人民政府办公厅转发市水务局关于实行河道水生态环境管理地方行政领导负责制意见的通知》。

② 2003年8月28日到9月1日，胡锦涛同志在江西考察时首次明确提出科学发展观这一概念，并提出了“牢固树立协调发展、全面发展、可持续发展的科学发展观”的要求。(王炳林 等，2012)

③ 参见《国务院批转节能减排统计 监测及考核实施方案和办法的通知》。

局面改观的根本原因是,“考核省级政府的不再是国家环保局,而是国务院”。同时,在科学发展观主题教育活动中,河湖治理成为各级领导干部的“必修课”,各级政府必须以实际行动来响应。2008 年初,时任党和国家最高领导人胡锦涛提出“让江河湖泊得以休养生息、恢复生机”[①]的指示。而随后实施的考核机制则使得水质保护与“乌纱帽”进行挂钩,其中的标志性政策就是最严格的水资源管理制度。2009 年,全国水利工作会议提出实行最严格的水资源管理制度。2011 年,中央一号文件和 2012 年《国务院关于实行最严格水资源管理制度的意见》从更高层次确定了该项制度(水利部太湖流域管理局 等,2018:473)。2013 年 1 月 2 日,国务院办公厅发布《实行最严格水资源管理制度考核办法》,规定“经国务院审定的年度和期末考核结果,交由干部主管部门,作为对各省、自治区、直辖市人民政府主要负责人和领导班子综合考核评价的重要依据”[②]。2015 年,《中共中央关于制定国民经济和社会发展第十三个五年规划的建议》重申要实行最严格的水资源管理制度。国家的制度规范和考核指标,始终是地方政府行动的准绳。在国家一以贯之地实施最严格的水资源管理制度以及考核机制面前,地方政府必须将完成相关指标作为政治使命,并需要为“赶考”提供有力的抓手。而河长制具有很强的象征意义,实施这一治水制度能够体现地方政府在落实国家政策层面的政治站位。

其二,完成水质达标的政治任务。2005 年 12 月,《国务院关于落实科学发展观加强环境保护的决定》发布,提出“省级人民政府应当确保出境水质达到考核目标”“落实环境保护领导责任制”,并提出领导干部评优评先活动适用环保一票否决制,以及“要把环境保护纳入领导班子和领导干部考核的重要内容,并将考核情况作为干部选拔任用和奖惩的依据之一”[③]等原则。此后,出境水质达标成为一项重要的政治任务。除了出境水质,地方政府还必须完成水质显著改善的任务,且考核指标日益刚性。2011 年发布的《国家环境保护“十二五”规划》提出了到 2015 年“生态环境恶化趋势得到扭转”以及“城乡饮用水水源地环境安全得到有效保障,水质大幅提高”的目标,并设置了定量考核指标,即地表水国控断面劣Ⅴ类水质的比例由 2010 年的 17.7%下降到 2015 年的 15%以内,七大水系国控断面水质优于Ⅲ类的比重由 55%提高到 60%以上。此外,政绩考核在该项规划中出现了三次:在加强组织领导和评估考核部分提出,2013 年和 2015 年分别开展中期与终期考核,并将之“作为对地方人民政府政绩考核的重要内容”;在落实环境保护目标责任制方面,提出“制定生态文明建设指标体系,纳入地方

---

① 武卫政:《人民观察:让江河湖泊休养生息》,新华网 2009 年 8 月 7 日,http://gongyi.people.com.cn/GB/9806841.html,访问日期:2020 年 1 月 22 日。

② 参见国务院办公厅《关于印发实行最严格水资源管理制度考核办法的通知》。

③ 参见国务院《关于落实科学发展观加强环境保护的决定》。

各级人民政府政绩考核”；在发挥地方政府积极性方面，提出“进一步完善领导干部政绩综合评价体系，引导地方各级人民政府把环境保护放在全局工作的突出位置”①。简而言之，国家在政绩考核中持续加大环保比重，水质达标的定量考核为地方政府戴上了“紧箍咒”。在治水绩效已经彰显且在政府系统内部被普遍看好的背景下，河长制受到了其他地方的追捧。

不仅如此，河湖污染导致地方利益受损，遭遇“流域限批”和环保问责等惩罚。特别是，在地方民众抗议声音高、上级领导关注度高、媒体曝光度高的“三高”地区，地方政府的压力日益增强。推广和实施河长制，是科学发展观时代推动本地环境改善和书写环境政绩的一项积极探索。因此，从利益相关者的角度来看，这种地方政府自戴“紧箍咒”的治水机制，其实是一项有利于地方政府的制度安排。

3. 破解河道管理员“末端环卫”困境的需求

20 世纪 90 年代中后期，经济发达地区纷纷聘请河道管理员，以力图保持河道清洁。2000 年后，河道管理员制得到较为普遍的施行。这是一种责任制，由地方政府或村委与河道管理员签订协议，后者需要按照契约清理河道。2009 年，笔者在浙江嘉兴市王江泾镇调研发现，河道中垃圾俯拾皆是，水体恶臭难闻，河道俨然就是污水的排放池和垃圾的存储地。沿河居民和路过人群，很随意地将不需要的东西往河道一扔。河道管理员每天划船清理垃圾，清理物包括各种瓶罐、碗碟、碎玻璃、塑料袋、钢筋、电线、铁丝、破损衣服、被褥、树枝和树杈等。他们的每日清理对于维护河道洁净、减轻河道淤塞以及促进河道水系畅通具有重要作用。

但是，河道管理员只能扮演“末端环卫”角色，无法解决河道污染的结构性困境。首先，他们只能打捞河道中的污染物（主要是垃圾），无法从源头杜绝或减少污染直排、偷排与漏排现象。其次，他们只能减少河道垃圾，无法干预和劝阻岸上的乱扔行为。因此，尽管每天清理多次，但他们每次都能清理很多垃圾。第三，他们无权调动资源开展河道的系统治理，也没有这方面的能力。最后，他们更无法影响地方政府“重经济增长轻环境保护”的行为取向。因此，这种方式只是一种“末端环卫”，无法解决环境问题。而由地方党政“一把手”担任河长，则可扭转这一结构性困局。其一，他们能够对排污企业构成威慑，推动源头治理。其二，河长能够整合资源推动水陆同治，通过部门联动和地域联动为河湖把脉会诊，进而开展系统治理。其三，河长问责机制能够倒逼地方政府打破“唯 GDP”的政绩观，倒逼产业结构转型升级，从而更有效地增进环境治理绩效。总之，河道管理员只能起到扬汤止沸之效果，无法根治河道污染。地方政府

① 参见《国家环境保护“十二五”规划》。

迫切需要解决这一难题，也迫切需要寻求有效的工作机制。由地方党政“一把手”担任河长被证明对此“疑难杂症”具有疗效，因而受到其他地方的学习与借鉴。

三、政治学习与媒体建构的带动效应

1. 政治学习机制

经典的创新扩散理论忽略了政治学习和高层领导注意力的功能，而这恰是河长制创新扩散的重要前置条件。无锡的河长制是在太湖蓝藻事件背景下启动的，其制度创新与治水实践吸引了水利部和环保部等国家部委的注意力，得到了部委主要领导的认同。更重要的是，在学习实践科学发展观活动中，河湖保护政策以及河长制进入了政治学习教材。

鉴于环境问题引发的社会冲突日益增多之事实，各级政府都意识到环境治理成效是实现社会和谐的重要基础。自20世纪90年代中后期特别是进入21世纪后，环境污染及其引发的舆情波动、社会失序与政治失序风险，使得国家必须正视这一问题。党的十六大后，国家对发展的本质、目标以及如何发展给予了高度关注。2003年，十六届三中全会提出“树立全面、协调、可持续的发展观”以及“统筹人与自然和谐发展”。后来，国家对领导干部提出了要树立“科学的发展观”和“正确的政绩观”的要求。2007年10月，党的十七大将科学发展观写入党章。2012年，党的十八大将科学发展观列入党的指导思想。在科学发展观等主题教育实践以及领导干部政治学习活动中，环境保护是“必修课”。在此背景下，无锡探索实施的河长制进入国家视野，并成为领导干部贯彻落实科学发展观主题教育活动的重要题材。比如，太湖蓝藻事件以及河长制实践被写入《生态文明建设与可持续发展》这份全国干部培训教材中。该教材是由中组部组织、原环保部编写，并被列为第三批全国干部学习培训教材（全国干部培训教材编审指导委员会，2011）。这份教材具有重要的政治导向和风向标意义，表明这种不变体制变机制的地方创新得到了体制内的认可，进而成为河长制创新扩散的重要驱动力。

从国家视角来看，河长制及其责任捆绑机制，给地方政府戴上了“紧箍咒”，有助于解决环境治理“上级急下级不急”“上热下不热”的普遍性困境。同时，河长制帮助地方政府提升了的环境保护站位，对于水污染治理困境具有破题效应，对于地方政府减少环境保护方面的渎职失责行为具有实际意义。因此，它受到了国家的重视，进入领导干部学习培训的课程体系。简而言之，在国家统筹推进人与自然和谐发展以及贯彻落实科学发展观等主题实践活动中，地方领导干部对河长制有了更多的直接接触，对河长制的创新扩散起到了推动作用。

2. 权威媒体的社会建构

舆论宣传及其社会建构效应，是创新扩散的重要助推器。在现代社会，大众传媒在推动制度革新、观念变化和新制度采纳方面发挥着重要作用。就河长制的创新扩散而言，一方面，大众传媒扮演着建构社会热点和推动信息传播的角色，扩大了河长制的知晓度；另一方面，大众传媒特别是权威媒体的社会建构，是使之进入高层领导视野和获得高层推介的重要平台。

早期的河长制是在县域范围内推行，县级媒体的传播力和影响力有限。而无锡市是在太湖蓝藻事件背景下实施的河长制，备受大众传媒和社会舆论关注。无锡推出河长制不久，就引起了各大媒体的争相报道和学界的热烈讨论。虽然观点有所差别，但都认为河长制有望破解水污染治理的体制机制障碍。另外，有两类权威媒体属于“力挺派”，即以《中国环境报》为代表的国家环境报刊和以《人民日报》为代表的中央权威媒体。2009年，《中国环境报》对江苏实施的河长制进行了密集报道。作为国家环保部门直属的报纸，这种密集报道表明它已进入国家环保部门及其主要领导的视野。影响更为深远的是《人民日报》。作为中共中央机关报，《人民日报》的任何一个版面都是稀缺资源，一般的新闻和议题无缘进入。2007 年 10 月开始，《人民日报》就开始关注河长制，开展了很多专题报道，并且秉持正面宣传立场，给予了很多美誉。2009 年后，《人民日报》和《人民日报》(海外版)对河长制进行了密集的宣传报道。据不完全统计，2007—2009 年，《人民日报》和《人民日报》(海外版)发布了 12 条关于河长制的报道(见表 4-1)。

表 4-1 《人民日报》和《人民日报》(海外版)关于河长制的主要报道(2007—2009 年)

顺序	作者	标题	报纸名称	发表时间和版面	备注
1	杨晴初	无锡：精心呵护太湖水	人民日报	2007 年 10 月 11 日第 15 版	专题报道(指出无锡首创河长制)
2	汪晓东	无锡：祛除藻患保太湖	人民日报	2008 年 6 月 18 日第 1 版和第 10 版	专题报道(指出无锡首创河长制)
3	武卫政	触到痛处才管用(环境漫笔)	人民日报	2008 年 7 月 31 日第 14 版	环保漫笔文章提及河长制
4	陈梦阳	辽宁河流全部实行河长制	人民日报(海外版)	2009 年 5 月 25 日第 1 版	从 2008 年开始，辽宁对全省河流全部实行河长制，市长、县长担任河长或段长
5	李有军	“绿色新政”亮点多	人民日报(海外版)	2009 年 7 月 25 日第 3 版	专题报道(指出无锡首创河长制)

（续表）

顺序	作者	标题	报纸名称	发表时间和版面	备注
6	杭辰	“越发达水越黑”吗？（环保声音）	人民日报（海外版）	2009 年 7 月 25 日第 3 版	专题报道（指出无锡首创河长制）
7	李有军	归去来兮　太湖美	人民日报（海外版）	2009 年 7 月 25 日第 3 版	分析了江苏省的河长制实践
8	武卫政	让江河湖泊休养生息	人民日报	2009 年 8 月 7 日第 1 版	报道了江苏的河长制
9	孙彬	太湖水质持续好转	人民日报（海外版）	2009 年 8 月 3 日第 1 版	无锡在全国率先推行河长制
10	关绮薇 郭妍桢 王圆圆	休养生息：治水中国模式显成效	人民日报（海外版）	2009 年 9 月 15 日第 4 版	介绍无锡率先建立河长制的实践
11	—	中日五“省长”武汉论“湖”	人民日报（海外版）	2009 年 11 月 14 日第 3 版	介绍江苏省“双河长制”实践
12	陆桂华	太湖治理的启示（环保声音）	人民日报（海外版）	2009 年 12 月 5 日第 3 版	提到而非专题报道

资料来源：根据人民网/《人民日报》网络检索系统收集和整理（检索网址为 http://search.people.com.cn/rmw/GB/bkzzsearch/bkzz_search.jsp）。其中，部分文献有标题和梗概性介绍，但网页无法打开，此类文献不在上表统计范围内。

媒体是社会这个巨系统中传递信息和沟通世界的“社会装置”（洪大用 等，2020：74），在建构河长制的意义、价值与功能的过程中扮演着重要角色。除了上述报纸，还有不少官方媒体的社会建构推动了河长制的创新扩散进程。根据媒体梳理，2009 年 6 月和 7 月，《光明日报》、《人民日报》（海外版）和《中国改革报》等中央媒体对河长制进行了密集报道①。9 月 15 日，新华社刊发的《“河长制”：从太湖走向全国》则将这一主题报道推向了高潮。该文在“全国学无锡　推广‘河长制’”部分，指出“从流域来看，松花江流域黑龙江、吉林、内蒙古三省区，淮河流域山东、河南、安徽、江苏四省，辽河、滇池、巢湖流域，都以‘河长制’为蓝本，建立了相应的水污染防治责任制”。② 这些主流媒体的密集报道，都直接或间接地传递出河长制是可资借鉴的讯号。同时，这些报道充分肯定了河长制的示范意义，作为“意见领袖”，这无疑都扩大了河长制扩散的机会空间。

---

① 杭春燕：《让江河休养生息　中央媒体聚焦“江苏环保经验”》，浙江在线 2009 年 10 月 16 日，http://sznews.zjol.com.cn/sznews/system/2009/10/16/011492815.shtml，访问日期：2019 年 10 月 10 日。

② 孙彬：《“河长制”：从太湖走向全国》，新华网 2009 年 9 月 16 日，http://info.cjk3d.net/viewnews—127013，访问日期：2020 年 1 月 22 日。

第五章 地方试验的层次升级

如何破解水污染挑战，是国家应对现代性危机的重要组成部分。在中国这样的单一制国家结构形式中，国家无疑扮演着更为重要的角色。在水危机时代，国家在强化顶层设计与制度更新的同时，亦在积极吸纳地方经验与地方智慧。2016 年 12 月 11 日，中共中央办公厅和国务院办公厅印发《关于全面推行河长制的意见》，由此，河长制实现了由“地方性”到“国家化”的身份转型。河长制之所以能从区域性试验转为全面铺开，与国家恢复海晏河清的迫切需求有着结构性关联。正是在国家生态文明建设的整体进程与环境治理的新态势下，河长制演变为一项国家层面的制度安排。

第一节
层次升级的过程

在河长制上升为国家层面制度安排的过程中，环保、水利和住建等国家行政主管部门扮演了推动者的角色。这既体现了河长制扩散进程中多部门循序推进的特征，亦体现了“九龙治水”框架内部委之间各取所需的特点，这种工具主义治污深刻表明当时的环境治理没有体现系统治理和整体治理的基本原则。就创新扩散本身而言，水利部开展的河湖管护体制机制创新试点，扩大了河长制的试验范围，为河长制上升为国家治水政策发挥了重要的作用。党的十八大之后，在国家筛选和吸纳地方环境治理经验的过程中，河长制进入中央全面深化改革领导小组（以下简称“中央深改小组”）的视野，这是它成为国家政策进程中最为关键的一环。

一、国家部委的推动

1. 国家环保部门的推动

无锡市的河长制运行两年后，就引起了国家环保部门的关注。原环保部是推广河长制的重要“吹鼓手”与“呐喊者”之一，在定义河长制的功能、价值以及使其获得合法性等方面扮演着重要角色。然而，原环保部最终没有就全面推广河长制出台正式文件。

2009 年，原环保部直属的新闻机构《中国环境报》对河长制进行了密集报道和专题报道。一方面，作为国家环保部门的“喉舌”，这种密集报道和专题报道会引起环保部门高层领导乃至分管环保工作的国家领导人的关注。另一方面，密集报道而非偶发报道可能是环保高层领导认可之结果，以便使这种报道能引起更多的关注和讨论。能够予以佐证的是，国家环保部门领导在 2009 年对河长制给予了高度肯定，并表示要在“全国江河湖海治理中推广”。是年 6 月 25 日，时任环境保护部部长周生贤在无锡视察，其间对河长制进行了专题调研。周生贤提出，河长制是“新形势下治水、治河、治污、治湖的新鲜经验，是确保让江河湖海休养生息最重要的组织保证，要在全国的江河湖海治理中推广这一经验”[①]。从时间脉络上看，这可能是国家环保部门为响应国家领导人2008年提出的“让江河湖泊得以休养生息”的指示寻求工作抓手。从创新扩散进程来看，这是国家部委领导首次就推广河长制进行的公开表态。事实上，这不但赋予了河长制以合法性，而且塑造了水污染治理的典型经验以及正面激励样板，在很大程度上等同于“领导批示”或者更准确地说是“肯定性批示”。彼时，原环保部主要是从“组织保证”角度认可其价值，这包括由地方政府主要领导担任河长、成立多部门协同治理的组织架构、党委组织部门将水污染治理纳入政绩考核体系、党委组织部门对治污不力人员进行诫勉谈话以及实施“一票否决”等。但是，从后期实践来看，这种全国推广的“口头批示”没有转换为“红头文件”。

2. 国家水利部门的推动

河道变窄、湖泊萎缩以及河湖污染等问题自20世纪80年代就呈现出愈演愈烈之势。作为国家水利行政主管部门，水利部通过多种机制解决这一问题，但都没有见到明显成效。面对水污染积重难返这一重大难题，水利部将河湖管护体制机制创新作为重要的应对举措(见表5-1)，而河长制是机制创新的重要承载体。

表5-1 水利部河湖管护体制机制创新文件及推行河长制的表述

顺序	时间	文件名称	文件表述
1	2014年1月21日	关于深化水利改革的指导意见	因地制宜推行“河长制”等管理责任机制
2	2014年2月28日	关于加强河湖管理工作的指导意见	创新河湖管理模式，鼓励各地推行政府行政首长负责的“河长制”，对河湖的生命健康负总责
3	2014年9月	关于开展河湖管护体制机制创新试点工作的通知	创新河湖管护模式……积极探索实行“河长制”

资料来源：根据上述所列文件内容进行的整理。

河长制是在水污染应急机制下的产生物，这一成果“产权”最初属于水利系统。自无锡推广实施河长制伊始，水利部就予以了高度关注。但直到2014年，水利部才以红头文件的形式推广河长制。是年1月，水利部印发的《关于深化水利改革的指导意见》提出要推广河长制，由此，河长制正式进入“条条部门主导的纵向创新扩散”(陈思丞，2020)轨道。此后，水利部印发的河湖管护的多份文件，都明确倡导实施河长制，并将

① 佚名:《无锡“河长制”抓住了治污“牛鼻子”》,《领导决策信息》2009年第28期。

之视为河湖管理创新的重要模式。同年3月21日，国务院新闻办公室就“加强河湖管理，建设水生态文明”举行新闻发布会。水利部在会场表示，河长制“在水污染治理方面取得了很好的效果，将向全国推广”。[①] 这是国家部委首次通过国新办新闻发布会的形式发出全面推广的信号。与2009年环保部门领导的“口头批示”相比，水利部以政策文件和专题新闻发布会推广河长制具有完全不同的意义，这直接加快了河长制的创新扩散速度，在河长制由地方试验走向国家层面制度安排的过程中具有重要意义。

为让河长制推广方案落地，水利部发起了河湖管护体制机制创新试点这种具有荣誉性的竞赛。2014年9月，《水利部关于开展河湖管护体制机制创新试点工作的通知》印发，明确提出：“创新河湖管护模式，建立政府主导、分工明确、运转高效的河湖管护机制，积极探索实行‘河长制’、政府购买公共服务用于日常管护等。”[②]河湖管护体制机制创新试点实行配额制，水利部首批分配了50个试点名额（见表5-2）。需要指出的是，水利部文件称其为“首批”试点，蕴含着“二轮”“三轮”等试点规划，然而，后续并未启动延续性的试点。这种止步于首轮的试点现象与其他试点终结有着本质的不同，不是因为试点无效等因素受阻，而是因为其实施时间是三年（在2017年12月31日前完成“试点验收”），而国家已经在2016年底发文全面推广河长制。不难发现，水利部在河长制的认可、试点、宣传和验收等关键环节开展了比较完整的政策推介工作，是这项政策推广体系中工作开展得最系统的部委。

表5-2　水利部关于河湖管护体制机制创新试点（首批）名额分配表

序号	单位	名额/个	备注
1	北京市	2	县
2	天津市	2	县
3	河北省	1	县
4	山西省	1	县
5	内蒙古自治区	/	
6	辽宁省	2	1县、1市
7	吉林省	1	县
8	黑龙江省	/	
9	上海市	2	县

① 唐婷：《水利部：“河长制”将向全国推广》，《科技日报》2014年3月22日，http://scitech.people.com.cn/n/2014/0322/c1057-24705526.html，访问日期：2019年5月25日。

② 参见《水利部关于开展河湖管护体制机制创新试点工作的通知》。

（续表）

序号	单位	名额/个	备注
10	江苏省	6	4县、2市
11	浙江省	6	4县、2市
12	安徽省	2	县
13	福建省	4	3县、1市
14	江西省	2	县
15	山东省	3	2县、1市
16	河南省	1	县
17	湖北省	3	2县、1市
18	湖南省	3	2县、1市
19	广东省	4	3县、1市
20	广西壮族自治区	1	县
21	海南省	1	县
22	重庆市	1	县
23	四川省	2	县
24	贵州省	/	
25	云南省	/	
26	西藏自治区	/	
27	陕西省	/	
28	甘肃省	/	
29	青海省	/	
30	宁夏回族自治区	/	
31	新疆维吾尔自治区	/	
合计		50	40县、10市

资料来源：《水利部关于开展河湖管护体制机制创新试点工作的通知》，参见水利部网站（http://www.mwr.gov.cn/zw/tzgg/tzgs/201702/t20170213_858206.html）。

对于河长制而言，这种创新试点具有以下两个特征。一方面，它具有方案推销特征。通过对河长制的价值倡导，这种试点可以推动河长制“以点带面”和在更大空间范围内落地生根。另一方面，它具有“政策测试”（周望，2013：1）特征。中国区域的差异性、河湖环境的复杂性以及生态系统的多样性，决定了一种新的治水机制的全面推广必须慎重行事，这就需要寻找更多的观测点，开展更充分的评估。通过“多点试验”，有助于完善河长制的实施方案，产生可复制、可推广的经验与操作细则，这是试点扩大和政策测试的要义所在。

经过地方申报和部委评审，实际上确定了 46 个县（区）和地级市为试点单位。其中，江苏省获得的试点名额最多，其次是浙江省、湖北省、湖南省、广东省等省份。试点区域普遍将实施河长制作为开展河湖管护体制机制创新试点的重要抓手。比如，笔者在上海调研发现，青浦区和闵行区都声称自己是全市最早实施河长制的地方，究其原因，入围“试点单位”后，两地都按照要求实施了河长制。这说明，通过河湖管护体制机制创新试点，水利部推动了河长制“由点到线”“由线到片”，为河长制的全面推广奠定了基础。

3. 国家住建部与环保部的联合推动

城市黑臭水体是水污染治理中的重点和难点，也是环保督查中的重要内容。从历史上看，民国时期，中国部分大城市的水体黑臭现象已经比较突出。比如，在 20 世纪 20 年代，上海市的大量生活污水和工业废水直排苏州河，导致了严重的黑臭现象。1928 年，闸北自来水厂因苏州河水质恶化被迫迁址。1978 年，苏州河在上海境内全部遭受污染，市区河段终年黑臭。[①] 苏州河两岸是上海的中心地带和繁华所在，河流的黑臭化是城市化和工业化进程中污水直排的后果。后来，自来水厂因水质恶化而被迫易址。

20 世纪 90 年代后，城市水体黑臭趋于普遍化，并成为城市环境治理中的突出短板。按照“九龙治水”的分工，黑臭水体治理由住建部门牵头，水利和环保等部门配合。和其他水域的环境治理一样，城市黑臭水体治理绩效一直不理想，且存在着“反复治、治反复”困境。随着国家对城市黑臭水体治理力度与考核力度的增强以及《水污染防治行动计划》（即“水十条”）的颁布，作为治污的职能部门与可能“挨板子”的部门，住建部开始向河长制“借力”。这可能源自两方面的考量，一是住建部门发现部门行动乏力，需要地方党政主要负责人进行承包治理；二是需要在河长制框架下实施部门联动与资源整合，合力破解黑臭水体治理困局。

2015 年 9 月 11 日，由住房和城乡建设部发布的《住房城乡建设部 环境保护部关于印发城市黑臭水体整治工作指南的通知》（建城〔2015〕130 号），明确提出实施河湖长制。其相关表述如下：

在城市黑臭水体的整治、维护、保持和长效管理过程中，实行“河湖长制”，明确每

---

① 参见《上海市苏州河环境综合整治的实践与探索》（内部资料，上海市河长办 2019 年 5 月提供）。

一水体水质管理的责任人，落实相关管理措施。原则上河湖长应由城市水体所在地政府或相关主管部门负责人等担任。[①]

不难发现，住建部所规定的河湖长包括“行政河长”与“部门河长”两种形态。这是继水利部后，又一国家部委以政策文件的方式推广河长制，加速了河长制走向国家治水政策的步伐。

二、进入“中央深改小组”视野

党的十八大后，中央全面深化改革领导小组[②]（以下简称“中央深改小组”）成立，统筹全面深化改革的顶层设计工作。能够进入“中央深改小组”视野，意味着这项工作的极端重要性，也意味着国家将对这项工作投入大量的资源。

在“中央深改小组”成立快三年时，河长制进入其视野。2016 年 7 月，“中央深改小组”办公室正式下达文件起草的任务，并明确由水利部牵头制定《关于全面推行河长制的意见》（吴文庆，2019：9）。由此，河长制进入国家顶层设计层面的战略部署序列。根据中国水利工程协会会长孙继昌的梳理：水利部随即展开广泛调研，在反复修改基础上按照时间要求节点于 2016 年 8 月正式上报文件，前后历时一个月。[③] 文件起草使其获得了制度设计的机会，也彰显了水利部门的重要性。2016 年 10 月 11 日，习近平总书记主持召开“中央深改小组”第二十八次会议，审议通过《关于全面推行河长制的意见》。他强调：“保护江河湖泊，事关人民群众福祉，事关中华民族长远发展。……要加强对河长的绩效考核和责任追究，对造成生态环境损害的，严格按照有关规定追究责任。”（吴文庆，2019：9）随后，国家全面推广河长制的时间表和路线图向外界公布。2016 年 12 月 11 日，中共中央办公厅和国务院办公厅印发《关于全面推行河长制的意见》，河长制由此正式上升为国家治水政策，这意味着它从地域扩散阶段的“扩展式局部推广”迈向“辐射式全面推广”（周望，2016）。中央将基于地方试验的治理经验推向全国，是地方试验“具有可持续性和可复制性的直接体现”，亦是“中央对地方创新能够产生长远效益的实质认可”（刘晓亮 等，2019）。

2017 年 3 月 24 日，习近平总书记主持召开“中央深改小组”第三十三次会议，对包括“全面推行河长制等民生领域改革落实情况的督察报告”等议题进行了审议[④]。这是

---

① 参见《城市黑臭水体整治工作指南》。

② 2013 年 12 月 30 日，“中央深改小组”成立。2018 年 3 月，更名为中国共产党中央全面深化改革委员会。

③ 资料来源于 2019 年 3 月 25 日中国水利工程协会会长孙继昌在无锡举办的河长制培训班所作的《河长制湖长制的建立与深化》报告的口头发言。

④ 新华社：《习近平主持召开中央全面深化改革领导小组第三十三次会议》，中国政府网 2017 年 3 月 24 日，http://www.gov.cn/xinwen/2017-03/24/content_5180471.htm。

河长制工作第二次进入“中央深改小组”会议议程。鉴于河长制实施绩效以及湖泊的特殊性，国家在近一年后启动湖长制全面推广方案。2017 年 11 月 20 日，习近平总书记主持召开十九届“中央深改小组”第一次会议，审议通过《关于在湖泊实施湖长制的指导意见》。湖长制的运行机制并非另起炉灶，而是采用了与河长制相似的体制机制。同时，河长办与湖长办是合署办公，大多为河(湖)长制办公室。也有一些地方没有将湖长办列出或显示出来，而是在河长办这个统一的框架内实施河长制和湖长制工作。全面推广河长制与湖长制，是“中央深改小组”成立至今，水利系统进入审议议程的全部主题。

三、进入国家领导人的话语体系

其一，进入国家主席的新年贺词。

国家元首发表新年贺词是一种重要的政治仪式，旨在向海内外“总结过往”“展望未来”“表达祝福”，同时借此“宣传本国政策主张、传播塑造国家形象”(李艺轩，2015)。一般而言，新年贺词中出现的关键术语会成为热搜词。

中国国家主席发表新年贺词滥觞于 1991 年，发表时间为元旦的前一天晚上。在 1991 年到 1995 年间，国家主席的新年贺词是通过广播的形式呈现出来的。自 1996 年开始，国家主席通过电视发表新年贺词。每年的新年贺词，除了“辞旧迎新”，也有很多的政治宣言和政治任务部署。在 2017 年的新年贺词中，国家主席习近平宣布“每条河流要有‘河长’了”。这是河长制首次进入国家最高领导人公开性的话语表述中，并旋即进入舆论的中心，成为热词，进入热搜。与西方国家元首的新年贺词相比，中国国家主席的新年贺词具有严肃性的一面。一旦涉及国家工作，就不仅仅是仪式表达，而且是一项工作部署，意味着这将进入制度化的运行轨道。河长制进入新年贺词至少蕴含着三重逻辑。首先，战略部署逻辑。与中办和国办印发的文件相呼应，这表明河长治水工作将在全国范围内渐次展开。其次，责任逻辑。地方党政主要领导都将担任河长，守护各自的“责任河”(类似于“责任田”)，切实履行河湖保护责任。最后，社会承诺逻辑。这意味着河流管理绩效将纳入政府责任清单，政府需要对水质改善与水生态修复“负总责”，并需要为此接受社会各界的监督。

其二，写入《政府工作报告》。

中国的《政府工作报告》是各级政府在其每年召开的“两会”(人民代表大会和政治协商会议)期间发布并提请大会主席团、人大代表和政协委员审议的报告。其中，国务院总理的《政府工作报告》备受国内外关注。我国最早的《政府工作报告》是 1954 年由时任政务院总理周恩来所作。在为《政府工作报告》制定而开展的酝酿、调研以及起草阶段，国家各部委、社会各领域都希望将自己关心关注的议题写入，以体现本部门和本单位的成绩和关切。凡是能进入《政府工作报告》议题的，往往都是"国家大事"。2018年3月，李克强总理在《政府工作报告》中提到"推行河长制、湖长制"，这是对国家全面推广河长制和湖长制政策的回应。2019年3月，李克强总理在《政府工作报告》中指出我国"全面建立河长制、湖长制"，这是基于一个基本事实的判断，即全国在2018年底已经建立了河长制和湖长制。《政府工作报告》可谓"一字千金"，能够再次写入报告之中，体现了其在国家打好"碧水保卫战"中被赋予的重要意义。

第二节
层次升级后河长制的变化

地方经验成为国家政策后，在内涵边界、表现形态以及作用力度等方面都会发生深刻的变化。特别是，它的制度化程度、法律化进程和地方政府的响应力度等方面都会呈现出明显趋强特征。具体而言，成为国家治水政策后，河长制的变化主要表现在以下几个方面。

一、治水任务清单的扩充

中办与国办印发《关于全面推行河长制的意见》后，一场自上而下的河长治水行动框架渐次展开。从国家要求的时间节点来看，辽宁、广西、西藏、陕西、甘肃和新疆6个省区按照国家要求在2018年底前全面建立河长制，而其余25个省份在2017年底前就全面建立了河长制①，比国家预定时间提前了一年。

相较地方试验阶段而言，作为新时期"治水总纲"的河长制，所承载的任务清单出现了大幅扩充，由最初的水污染防治扩充为"六大任务"，即除了水污染防治这项"本源使命"外，还有水资源保护、河湖水域岸线管理保护、水环境治理、水生态修复以及执法监管等五项"新增使命"。由此，国家将涉水的一揽子重要任务都打包到河长制这一制度，并层层发包给各级河长。任务清单的扩充体现了水岸同治、水陆同治的治理思路，凸显了环境治理的关联性与整体性原则。此后，河长治水成为地方党政主要领导的"必修课"，很多地方年初召开河长治水动员会并发布"一号治河令"，年中按照规定动作巡河并召开现场会，年终则召开年度总结会，在梳理总结治水经验与得失的同时，谋划下一年度的治水思路与治水举措。

为完成任务清单，地方政府在实施方案中需要进行相应的力量匹配。比如，就省

① 2019年3月25日，孙继昌在无锡举办的河长制培训班所作的《河长制湖长制的建立与深化》的报告。

级总河长的设置来看，有的省份是由党委主要负责人担任总河长，政府主要负责人担任副总河长；有的省份是党委和政府主要负责人共同担任总河长；有的省份则由政府主要负责人担任总河长。此外。新疆生产建设兵团由兵团党委书记担任总河长。市县乡三级总河长的设置也大致呈现出类似规律。这种总河长的设置规格，比地方试验阶段要高很多，其意既旨在突出治水的重要性，也是为了更好地实施河长制。

二、立法进程的推进

上升为国家治水政策后，河长制开始从“经验主义”走向“制度主义”，这种逻辑转换是国家推动治水长效机制建设的内在要求。为此，国家立法机关在立法层面为河长制赋予名分。2018 年 1 月 1 日起施行的《中华人民共和国水污染防治法》，将河长制赋予了法律属性，该法第一章第五条规定：

省、市、县、乡建立河长制，分级分段组织领导本行政区域内江河、湖泊的水资源保护、水域岸线管理、水污染防治、水环境治理等工作。①

这是河长制首次写入《中华人民共和国水污染防治法》。河长制由此进入国家法律规范体系，具有法律属性和法律地位，河长治水也实现了“有法可循”。此后，部分省级人大积极开展河长制立法工作，进一步推动了河长制的制度建构进程。2017 年 7 月 28 日，浙江省人大常委会审议通过《浙江省河长制规定》，这是全国首个省级层面的河长制专项立法②。这种先行先试产生了示范效应，此后，不少省份纷纷启动立法程序。2017 年 9 月 24 日，江苏省人大常委会审议通过《江苏省河道管理条例》，将河长制写入条例。此外，海南省人大常委会于 2018 年 9 月 30 日审议通过《海南省河长制湖长制规定》，江西省人大常委会于 2018 年 11 月 29 日审议通过《江西省实施河长制湖长制条例》。另外，还有一些地方仍在开展河长制立法调研与立法咨询，持续推动河长制立法工作。由此可见，地方立法呈现出较为快速的推进态势。

立法进程的推进具有两个结构性背景。一方面，从立法环境来看，河长制立法是我国依法治国背景下法制建设的一部分。党的十八大之后，国家开启了如火如荼的依法治国实践。用法律形式固化或明确河长制的地位，是对作为国家治水政策的河长制的一种法律回应。另一方面，这是对地方政府在贯彻实施河长制过程中遭遇困惑的一种法律回应。这体现了顶层设计层面对河长制稳健运行的考量，也是对学界和舆论领域关于这一治水机制无法可依之争议的回应，从而推动“运动式治理与法治的兼容以

① 参见《中华人民共和国水污染防治法》(2017 年 6 月 27 日第二次修正)。

② 《浙江省河长制规定》,《浙江日报》2017 年 8 月 11 日，第 6 版。

及效率与正当性的平衡”(向淼 等,2020)。因此,对于执行者而言,立法可以破解河长制遭遇的“职非法定”窘境。此外,从河长制的萌芽与发展历史进程来看,这种地方试验的法制化进程亦体现了中国地方试验中常见的先行先试后再获得制度身份的逻辑,即地方试验经过实践检验且被国家政策吸纳后会获得法律身份确认。当然,已经出台的立法条款并非一劳永逸的,其在实践中依然暴露出一些问题,这还需要根据治水实践在实施细则层面加以完善和优化。其实,“先粗线条立法、后精细化完善”(周望,2013:155)在地方试验中具有较强的普遍性。

三、地方的“对标争先”

在实施框架和推进力度方面,各地在按照要求做好“规定动作”的同时,积极开展“自选动作”。事实上,这体现了地方政府一贯的“对标争先”逻辑。其中,所谓“对标”,即瞄准国家政策文件加以贯彻,推动政策落地;所谓“争先”,即通过运行机制和治水形式等方面的出新出彩,打造河长制的新概念和新品牌,使自身成为实施河长制的“领跑者”。在此逻辑下,很多地方在推广河长制时,除了“常规动作”,还增加了很多创意。

河长制推广过程既是制度移植过程,也是制度再创新的竞争性过程。各地在推广河长制过程中都积极致力于提炼升级版,使自己跻身制度建设的第一方阵。大致来说,这种对标争先实践主要包括以下几个方面:①制度化。各地纷纷结合区域实际,加强河长制的制度设计,出台了巡河制度、问责制度等系列化的制度规范。在组织框架方面,国家要求建立四级河长体系,即省、市、县、乡四级。而从实际情况来看,各地普遍做了“加法”,建立五级河长体系,即将河长制延伸到社区(行政村)一级。同时,国家要求的是“县级及以上河长设置相应的河长制办公室”,但不少地方都做了“加法”和“延伸”。比如,有的直辖市在乡镇和街道设置了河长办,非直辖市的一些乡镇和街道也设置了河长办。此外,还有极少的行政村设置了河长办。②社会化。各地积极响应环境治理体系现代化的要求,推进政社互动与协同治污。很多地方在“党政河长”之外,通过“民间河长”的制度性设置,发展形成了“老舅妈河长”“志愿者河长”“社工河长”“企业河长”“家庭河长”等民间治水体系。③智能化。很多地方纷纷构建“互联网+”河长制信息管理系统,加强治水信息化与智慧化建设,彰显“让信息多跑路”的治理优势。比如,2020年3月,江苏省无锡市宣布将运用5G技术打造国内领先的河长制信息化平台,由此率先打造“5G河长”与“智慧河长”,提升治水能力的现代化水平。④标准化。基层河长治水需要相应的规范标准。不少地方出台了《河长制工作手册》,浙江绍兴还率先出台了《绍兴市河长制工作规范地方标准》。此外,打通“断头河”、通过上下游和左右岸协同推进河湖治理也成为标准化动作。⑤系统化。通过设置“跨界河长”与“联合河长”等推动流域治理和系统治理。一方面，在行政单元内建立跨部门的联合执法机制，比如，有的地方探索实施“河长＋警长”模式，有的地方施行“河长＋检察长”模式，等等。另一方面，有些地方在跨界地区实施联合巡河机制。此举旨在突破行政单元限制，超越“各扫门前雪”的地方主义，解决“三不管”地带水问题，推动流域治理和系统治理。整体上看，上述内容在不少地方已经得到了比较普遍的施行，而且，一旦某地“率先”打造新品牌，就很容易得到其他地方的响应与借鉴。事实上，这体现了中国央地关系的一贯特性。在相关工作中，当中央政府出台政策后，地方政府一般会自我加压，提出更高的要求。而地方政府的探索性实践得到中央政府认同与推广后，也很容易引起其他地方的跟风效应与政策学习。

对于地方政府而言，这种“对标争先”具有特定的目标指向。一方面，这是为了响应国家治水要求，体现了推广和实施河长制工作本身的要求。换句话说，这亦是地方政府为治水而学习“他山之石”。另一方面，这是环境治理整体势能发生结构性变化的格局下（陈涛，2020），地方政府进行政绩生产的举措。竞争型政府使得“对标争先”具有同频共振效应，各地都想在河湖治理方面展现“领跑”姿态。在此之前，环境治理领域虽然存在经验学习机制，但普遍化的“对标争先”现象鲜见，而在环境治理势能发生结构性变化之后，这种现象则渐趋常态化。

第三节
层次升级的政策环境

治理效能是创新扩散的必要条件，但无法构成充要条件。实践证明，政府创新是否具有持续性，首先取决于宏观的政治和政策环境（俞可平，2019）。党的十八大之后，中国环境治理的政策环境发生了根本性的变化。在很大程度上，正是在环境治理供给侧发生结构性变化的背景下，河长制被作为一项治水“利器”在全国推广。

一、双重焦虑关系的演变

19世纪中叶以来，中国一直面临着强大的外部现代化压力。早期面临着被殖民化的威胁，后来则面临着贫困和落后的压力。在外部压力和内部焦虑的双重困境中，中国选择了追赶路线（陈阿江，2010：1-17）。其实，这种发展焦虑不仅具有中国国情的特殊性，也具有发展主义思潮的普遍性。然而，简约化为经济增长的发展主义导致了包括环境恶化在内的一系列矛盾。经济发展的结构性焦虑对于理解中国发展奇迹与环境问题具有重要的理论启发意义，但是，学界忽视了国家在环境治理方面的焦虑。其实，20世纪70年代中期开始，环保焦虑就已经产生。因此，国家在经济与环境方面呈现出的是双重焦虑，即经济方面如何摆脱贫困、落后与实现快速发展的焦虑，以及环保方面如何有效遏制环境恶化的焦虑。

如何摆脱落后、消灭贫困以及实现现代化是中国步入近代社会的一项显性焦虑。1978年，中国人均GDP只有156美元，还不到撒哈拉沙漠以南非洲国家（490美元）的三分之一（林毅夫，2018）。脱离历史视野，无法理解物资极度匮乏年代的社会生活，特别是底层群众的生活境况。毫无疑问，在这种历史背景下，发展成为主流的价值取向。在“以经济建设为中心”的发展导向和相关政策作用下，中国经济实现了跨越式发展，曾有连续多年的GDP增长率超过10%，有的年份甚至达到15%。遭遇经济下行压力时，国家亦会强化经济发展的指标设计。比如，2005到2011年间，国家设定了“保8”的目标，即GDP增长率保持在8%以上的刚性任务。2009年，中国发展成为仅次于美国的世界第二大经济体。学界通过不同角度力图寻找中国经济发展奇迹的“密钥”，由此产生了“中国经验”“中国道路”“中国模式”等话语体系。但中国人均GDP并不高，2019年中国人均GDP首次超过一万美元①，在全球仅跻身前70位。目前，中国依然是一个发展中国家，仍然面临着结构性的发展焦虑。因此，中国与发达国家的差距“不断激发着国家的赶超愿望”（洪大用 等，2014：114-115）。此外，中国还面临着西方“唱衰”的压力。一旦我国经济发展陷入困顿或遭遇其他问题，“唱衰中国”的声音就会不绝于耳。相应地，经济发展及其指标成为应对“唱衰中国”的重要砝码。简言之，在特定的历史条件下，摆脱贫穷和发展经济的焦虑占据着主导性位置。由此，环境保护在实践层面难以得到足够的重视。同时，在粗放型经济发展阶段，很多地方将“环境容量大”作为招商引资的门槛，污染型产业常常成为“座上客”。陈阿江（2010：1-17）认为，这种追赶现代化产生的社会性焦虑，比西方“生产的跑步机”所导致的环境问题还要严峻。

环保焦虑，指的是国家因触目惊心的环境问题及其导致的巨大经济、社会以及政治成本而忧心忡忡，于是通过多种手段力图控制环境恶化态势；然而，环境问题久治不愈甚至愈演愈烈，环保压力与忧虑呈现出不断加深的态势。环保焦虑主要来自以下几个方面：首先，环境问题导致日益突出的连锁性矛盾引发的焦虑。环境问题造成了巨大经济成本，对发展本身构成了对冲效应。同时，环境污染导致公众健康受损，诱发社会冲突，影响社会秩序与政治稳定。这引起了社会各界的广泛关注，成为国家发展进程中必须解决的问题。这是环保紧迫性及其焦虑产生的现实背景。其次，回应公众环境诉求的焦虑。随着社会发展与环境污染的“问题化”，公众的环境意识、健康意识和权益意识大幅提升。国家投入大量资源用于环境治理，出台了一系列的环境法律法规与政策，但收效甚微，距离公众期待的环保绩效差距甚远，政府信任遭遇危机。比如，水污染导致诉求群体“信访不信法”以及大量集体性上访，让地方政府的“合法性”危机暴露出来。因此，国家在有效回应公众环境诉求方面存在着深刻的焦虑。再次，国际压力引发的焦虑。众所周知，中国走的是“压缩型”工业化道路。而且中国快速推进工业化和城市化时，西方工业化国家已经开始强化环境治理。在此背景下，中西方环境质量的差距趋于扩大。同时，国际舆论高度关注中国的环境问题及其治理，国际媒体广泛报道中国的环境事件。这是环保焦虑趋于上升的国际背景。最后，国家制度设计层面预期的环境质量改善拐点屡屡无法实现的焦虑。20世纪70年代中期开始，中国就提出了“五年控制、十年基本解决”的治污目标，但在此后的四十多年中，国家数次以

① 《国家发改委：2019年中国人均GDP首次超过1万美元》，澎湃新闻2020年1月12日，https://www.guancha.cn/politics/2020_01_12_531319.shtml。

五年为周期提出遏制环境恶化的目标却未能实现，从而加剧了环保焦虑。从环保焦虑的演变来看，它最初是政治精英的焦虑，这是基于西方环境灾难的认知与判断以及中国环境前景担忧而引发。而后，中国的环境灾害引起了污染受害者的焦虑，故而，环境问题久治不愈引发了学界与媒体的焦虑。最终，环境恶化成为国家的整体性焦虑。

双重焦虑是中国发展进程中的一对基本矛盾，其中，经济发展焦虑曾长期占据着主导性位置，导致双重焦虑的不平衡性。双重焦虑在央地之间存在着显著差别。发展焦虑具有广泛的社会共识，存在着“上急下更急”“上热下更热”现象。相比之下，环保焦虑存在央地矛盾，在过去很长的一段历史时期内，地方政府虽然也有环保焦虑，但在实践层面倾向于将如何遏制环境恶化的焦虑视为中央政府任务，自身的积极性和主动性并不强。因此，环保焦虑表现为“上急下不急”。但是，以牺牲环境为代价的发展模式导致了巨大的代价。民间歌谣“60 年代淘米洗菜，70 年代洗衣灌溉，80 年代水质变坏，90 年代鱼虾绝代，2000 年代拉稀生癌”就是这种发展代价的一个形象的注脚。这不但使得清洁的水源成为“奢侈品”，而且导致了一系列的社会问题。比如，环境抗争和社会冲突此起彼伏，社会秩序和政治秩序遭遇挑战。由此，环境问题成为引发社会矛盾的“焦点”，环境污染型群体性事件的“对抗程度明显高于其他群体性事件”（周生贤，2006）。环境问题的愈演愈烈深化了国家的环保焦虑，故而，国家必须以务实的作为，深度响应社会性和系统性的“环保渴望”。自科学发展观提出以来，环境问题在政府的议事日程中开始处于不断中心化的过程之中。2012 年后，随着“五位一体”总体布局的形成以及中央环保督查制度的启动，行政问责与政治压力让地方政府更加清醒地意识到二者矛盾主要方面的演变。由此，包括河湖保护在内的环境治理拥有了日趋重要的话语权。

二、国家治理绿色向度的深化

治乱兴衰是国家治理中的核心议题。历史上，王朝统治者在宣扬君权神授的同时，主要通过与民休养生息和轻徭薄赋等措施维持政权稳定，从历史经验来看，生态环境与气候变化也是影响治乱兴衰的重要因素。比如，玛雅文明的衰落，与生态环境的破坏存在着密切关联。在中国历史上，“温度与降水变化均对王朝兴衰有显著影响”（孙程九 等，2018）。有研究发现，“大多数的朝代变迁和全国范围动乱都发生在气候的冷期”，这种气候导致土地生产力下降和农业歉收（章典 等，2004），加重了民不聊生状况，从而引发政局动荡和王朝更迭。

进入工业社会以来，生态系统遭到了严重破坏，环境恶化形势严峻。在中国的工业化进程中，民众在表达诉求无果后常常选择“暴力抗污”，由此，中国在崛起中面临着

“增长的痛楚”(裴宜理,2014)。环境危机是一项总体性危机,长期的环境污染和大量的环境突发事件产生了一系列彼此交错的后果,这不仅是民众不可承受之痛,也是国家不可承受之重。近年来,公众对环境污染的忍耐意愿显著下降,对环境问题的敏感度日趋上升,对干净的水和清洁的空气的需求日益强烈,对环境问题的批判日渐强烈和尖锐。同时,环境问题引发的舆情效应和“多米诺效应”异常强大。国家日益强烈地感受到,环境问题能否解决好,不仅仅是经济层面的问题,还影响国家长治久安。习近平总书记指出,“生态兴则文明兴,生态衰则文明衰”(习近平,2020:374)。他还指出,“人心是最大的政治”,必须“不断满足人民日益增长的优美生态环境需要”(习近平,2020:359-360)。

与环境问题成为国家治理的重要议题相伴随的现象是,生态文明建设在治国理政中的位置趋于中心化。2012 年,党的十八大将生态文明建设列入“五位一体”的总体布局,在治国理政方面以前所未有的高度予以重视。在中央全面深化改革领导小组第一次会议期间,国家就从生态文明体制改革层面进行了战略部署,将生态文明体制改革纳入全面深化改革的重要议题。从党的十八大到十九大的 5 年期间,中央全面深化改革领导小组召开了 38 次会议,其中涉及生态环境的有 25 次,占比达 66%(见表 5-3)。

表 5-3 历次中央全面深化改革领导小组会议涉及的生态文明议题

顺序	时间	历次会议序号	会议涉及的主要生态环境内容
1	2014 年 1 月 22 日	第一次	审议通过了中央全面深化改革领导小组下设经济体制和生态文明体制改革等 6 个专项小组名单。
2	2014 年 2 月 28 日	第二次	审议通过了《关于经济体制和生态文明体制改革专项小组重大改革的汇报》等。
3	2014 年 12 月 30 日	第八次	“生态文明体制改革稳慎探路”,属于对前一年度工作肯定,不属于新的工作部署。
4	2015 年 5 月 5 日	第十二次	会议指出,“党的十八届四中全会提出探索建立检察机关提起公益诉讼制度……重点是对生态环境和资源保护等领域造成国家和社会公共利益受到侵害的案件提起民事或行政公益诉讼,更好维护国家利益和人民利益”。
5	2015 年 7 月 1 日	第十四次	审议通过了《环境保护督察方案(试行)》《生态环境监测网络建设方案》《关于开展领导干部自然资源资产离任审计的试点方案》《党政领导干部生态环境损害责任追究办法(试行)》。

（续表）

顺序	时间	历次会议序号	会议涉及生态环境内容
6	2015年9月15日	第十六次	要统筹兼顾生产者、经营者、消费者利益，协调好经济效率和社会公平、环境保护的关系。
7	2015年12月9日	第十九次	审议通过了《中国三江源国家公园体制试点方案》，提出“要坚持保护优先、自然修复为主，突出保护修复生态，创新生态保护管理体制机制”。
8	2016年1月11日	第二十次	提出把环境保护等领域具有牵引作用的改革牢牢抓在手上。
9	2016年2月23日	第二十一次	会议听取了经济体制和生态文明体制改革专项小组关于生态文明体制改革总体方案推进落实情况汇报。
10	2016年3月22日	第二十二次	审议通过了《关于健全生态保护补偿机制的意见》。
11	2016年5月20日	第二十四次	会议强调要加快生态文明等领域基础性改革。
12	2016年6月27日	第二十五次	审议通过了《关于设立统一规范的国家生态文明试验区的意见》《国家生态文明试验区（福建）实施方案》等。
13	2016年7月22日	第二十六次	审议通过了《关于省以下环保机构监测监察执法垂直管理制度改革试点工作的指导意见》。
14	2016年8月30日	第二十七次	审议通过了《重点生态功能区产业准入负面清单编制实施办法》《生态文明建设目标评价考核办法》《关于在部分省份开展生态环境损害赔偿制度改革试点的报告》等。
15	2016年10月11日	第二十八次	审议通过了《关于全面推行河长制的意见》等。
16	2016年11月1日	第二十九次	审议通过了《建立以绿色生态为导向的农业补贴制度改革方案》《关于划定并严守生态保护红线的若干意见》等。
17	2016年12月5日	第三十次	审议通过了《关于健全国家自然资源资产管理体制试点方案》《围填海管控办法》等。
18	2016年12月30日	第三十一次	会议指出2017年改革工作要突出重点、攻克难点，要加强对生态文明等基础性重大改革的推进。
19	2017年2月6日	第三十二次	审议通过了《按流域设置环境监管和行政执法机构试点方案》。
20	2017年3月24日	第三十三次	会议听取扎实推进环保领域改革等领域汇报。

（续表）

顺序	时间	历次会议序号	会议涉及生态环境内容
21	2017 年 4 月 18 日	第三十四次	审议通过了《禁止洋垃圾入境推进固体废物进口管理制度改革实施方案》等。
22	2017 年 5 月 23 日	第三十五次	审议通过了《关于建立资源环境承载能力监测预警长效机制的若干意见》《关于深化环境监测改革提高环境监测数据质量的意见》《跨地区环保机构试点方案》等。
23	2017 年 6 月 26 日	第三十六次	审议《国家生态文明试验区（福建）推进建设情况报告》。审议通过了《国家生态文明试验区（江西）实施方案》《国家生态文明试验区（贵州）实施方案》《祁连山国家公园体制试点方案》等。
24	2017 年 7 月 19 日	第三十七次	审议通过了《关于创新体制机制推进农业绿色发展的意见》《建立国家公园体制总体方案》等。
25	2017 年 8 月 29 日	第三十八次	审议通过了《生态环境损害赔偿制度改革方案》等。

资料来源：中国中央电视台关于历次中央全面深化改革领导小组会议（第一次到第三十八次）的报道。

从中不难发现，生态文明建设始终是中央全面深化改革领导小组会议的重要议题之一。其中，中央全面深化改革领导小组第十四次会议可谓生态文明建设专题会议——在审议通过的 5 项文件中，涉及生态文明建设的议题有 4 项，分别是《环境保护督察方案（试行）》《生态环境监测网络建设方案》《关于开展领导干部自然资源资产离任审计的试点方案》《党政领导干部生态环境损害责任追究办法（试行）》。在国家全面推行河长制之前，围绕生态文明的中央全面深化改革领导小组会议召开了 14 次。在这些会议中，国家出台了生态文明建设的一揽子制度方案和整体性制度安排，都直接或者内在地关联到水生态文明议题。

习近平总书记指出，“生态环境是关系党的使命宗旨的重大政治问题，也是关系民生的重大社会问题”①。随着“五位一体”总体布局的实施，遏制环境恶化成为刚性的政治任务。而随着中国经济由高速增长向中高速增长转换的“新常态”的提出，环境治理具有了更加坚实的制度基础，自上而下地推动水污染治理的政治意愿显著增强。2015 年 4 月 25 日，《中共中央 国务院关于加快推进生态文明建设的意见》明确了江河湖泊保护的重要性，明确提出“研究建立江河湖泊生态水量保障机制”，“严格入河（湖、海）排污管理”以及“重要江河湖泊水功能区水质达标率提高到 80％以上，饮用水安全保障

① 《习近平在全国生态环境保护大会上强调 坚决打好污染防治攻坚战 推动生态文明建设迈上新台阶》，《党建》2018 年第 6 期。

水平持续提升”等目标[①]。2015 年 9 月，中共中央、国务院印发了《生态文明体制改革总体方案》，明确提出“完善最严格的水资源管理制度”以及“实行地方党委和政府领导成员生态文明建设一岗双责制”。为实现这一目标，必须要有有力的制度安排。而河长制抓住了当前治污中的关键群体，具有可操作性，经过地方试验和层层筛选，成为一项国家治水政策。《关于全面推行河长制的实施意见》开宗明义地指出，推行河长制是落实绿色发展理念的内在要求。同时指出，河长制的先行先试地区“有力促进了水资源保护、水域岸线管理、水污染防治、水环境治理等工作”[②]。所以，河长制为地方党政领导干部在水环境治理方面“履职尽责”以及落实“铁腕治水”提供了载体。可以说，河长制是在包括水危机在内的环境危机及其引发的社会危机和政治危机日趋严峻的背景下，国家以史无前例的力度强化环境治理进程中成为国家治水政策的。在这一进程中，它是国家推动的环境治理体制机制创新中的一个部分。故而，在国家的整体布局中，它是加快生态文明建设的一个齿轮。

三、“国富论”内涵的拓展

国富民丰是国家发展进程中的一项基本目标。在人类发展史上，世界各国在如何“国富”问题上孜孜不倦。无论是“市场自由论”还是“国家干预论”，都是手段，经济发展速度和增长总量是关键性目标。中国在这方面一度设置了名目繁多的考核指标，推动各地加快经济发展。随着环境危机的加深和人们对发展内涵认识的加强，人们不再简单地追求数字型发展，而是更加强调发展的质量。2012 年后，中国经济增长“保 8”目标不再被提及。特别是，随着“经济新常态”的提出，“唯 GDP 论”的市场空间萎缩，转变经济发展方式迈出了实质性步伐。此后，中国愈加清晰地提出了国富新论，即主张“绿色富国”。《中共中央关于制定国民经济和社会发展第十三个五年规划的建议》提出，“坚持绿色富国、绿色惠民，……协同推进人民富裕、国家富强、中国美丽”[③]。习近平总书记在推动长江经济带发展座谈会上表示，实现“绿色富国”是我国经济可持续发展的必然选择[④]。

当前，绿色资源已经成为最稀缺的资源之一。绿色富国的内涵包括绿色可以富国

---

① 参见《中共中央 国务院关于加快推进生态文明建设的意见》。

② 参见《关于全面推行河长制的意见》。

③ 参见《中共中央关于制定国民经济和社会发展第十三个五年规划规划的建议》，《人民日报》2015 年 11 月 4 日，第 1 版。

④ 杨月：《习近平绿色发展三大思路：绿色惠民、绿色富国、绿色承诺》，中国青年网 2016 年 1 月 10 日，http://www.xinhuanet.com/politics/2016-01/10/c_128613086.htm，访问日期：2020 年 10 月 30 日。

以及通过绿色富国两个方面的含义。要实现绿色富国目标,必须要有强有力的抓手,其中,政绩考核是要害。2016 年 12 月,中办与国办印发《生态文明建设目标评价考核办法》,要求“强化省级党委和政府生态文明建设的主体责任”。国家发改委、国家统计局、环境保护部、中央组织部据此制定了《绿色发展指标体系》和《生态文明建设考核目标体系》,作为生态文明建设评价考核的依据。其中,在《绿色发展指标体系》中,资源利用、环境治理、环境质量、生态保护、增长质量和绿色生活的指标权重分别为 29.3%、16.5%、19.3%、16.5%、9.2%和 9.2%[①]。由此可见,GDP 增长质量权重不到资源利用、环境质量权重的 50%,在全部考核权重中不到 10%,在此意义上,这意味着中国官员考核中“环境权重首超 GDP”[②]。此外,国家还紧锣密鼓地出台了一系列的环保问责与离任环保审计举措。这体现了国家在制度设计层面对“关键少数”的强调。“关键少数”的显著优势是组织能力强、政治动员能力强、资源调拨效率高,被认为能起到“四两拨千斤”之效应。中央对“关键少数”的强调,能够在地方政府中催生竞争机制,即通过达成中央目标而成为优秀的“关键少数”,从而进入被选拔的晋升通道。从环境治理的角度看,国家旨在通过“中央治官”(曹正汉,2014;曹正汉,2017)这种治国传统,实现治污目标。在实践层面,中央政府通过“治官权”(曹正汉,2011)的组织动员优势,可快速有效地调整地方政府的工作重点,使之成为推动“绿色富国”实践的重要抓手。

四、地方环境治理经验的吸纳

进入 21 世纪特别是 2012 年后,国家在力推环境治理体制机制改革的同时,日益重视对地方经验的梳理、整合与推介,建构治理经验“目录库”。这种“目录库”主要源自两个方面,一是各地基于环境治理试验形成的经验,二是国家推动的环境治理试点经验。

为加强环境治理经验的拣选,国家开展了很多政策试点与探索,有些取得了预期目标,有的则无甚成效。比如,垃圾分类试点[③]尽管屡遭挫折,但并未停止试点的步伐。在 2000 年,全国首批垃圾分类收集试点开始推行,所试点的八个城市中包括上海。但众所周知,此轮试点没有取得成效。2012 年后,国家持续推动垃圾分类。2014 年,住

---

① 参见国家发改委、国家统计局、环境保护部、中央组织部《关于印发〈绿色发展指标体系〉〈生态文明建设考核目标体系〉的通知》。

② 《中国官员考核环境权重首超 GDP》,《人民日报》(海外版)2017 年 2 月 21 日,http://www.chinanews.com/gn/2017/02-21/8154948.shtml,访问日期:2020 年 3 月 16 日。

③ 早在 1955 年,北京就提出了“垃圾分类”的概念。1956 年 3 月,宣武区白纸坊街道办事处的五个居委会、约 2 810 户居民率先试点垃圾分类。参见贾晓燕:《65 年前,北京率先倡导垃圾分类》,《北京日报》2020 年 4 月 25 日,第 3 版。

建部和环保部等五部委联合推进生活垃圾分类示范城市（区）的试点工作，以图破解“垃圾围城”压力并推进资源循环利用，但仍未取得实质性成效。2019 年，上海强力推动垃圾分类试点，尽管遭遇矛盾与调侃，但市政府并未表现出迟疑，而是要“将垃圾分类进行到底，并且取得了很多成效”。可见，尽管全国性的垃圾分类试点已有 20 多年历史且末端处置等环节仍有缺陷，但政策试点的步伐并未停止。在很大程度上，这种孜孜以求的政策探索受到环境危机的严峻性、环境治理的紧迫性和国家环保政策信号的强烈性驱动。相比类似的不断试错和经验积累，已经产生示范效应的地方经济更容易吸引国家的注意力。近年来，在国家汲取和整合地方环境治理经验以及强化经验筛选机制作用下，各个地方都致力于对实践经验的政策评估，以期推动向国家层面政策的方向转化。比如，环保垂直管理、新安江流域生态补偿、环境污染第三方治理等，都进入中央全面深化改革领导小组会议议程或国家全面深化改革的相关文件。

党的十八大之后，国家对河湖生态环境给予了前所未有的注意力分配。2014 年，习近平在中央财经领导小组第五次会议上指出，“河川之危、水源之危是生存环境之危、民族存续之危”。他要求“全党要大力增强水忧患意识、水危机意识，从全面建成小康社会、实现中华民族永续发展的战略高度，重视解决好水安全问题”。[①] 响应这一指示，必须要有有力的工作机制。

由地方党政“一把手”担任水污染治理的“总指挥”，河长制被认为能够破解水污染这项“疑难杂症”，因而是“国家所需”。河长制的指标考核机制“将河长群体纳入了治水锦标赛体制中”，“与晋升锦标赛模式所形成的‘鞭打快牛’效应不同”，河长制通过“资格锦标赛模式”形塑的是“鞭打慢牛”（李波 等，2018）。这种制度可以让地方领导干部将“急上级之所急”和“急群众之所急”结合起来。实践证明，这种机制能够让地方政府更加关注发展质量与环境保护，有的地方甚至出现了为“环保而竞争”（王华春 等，2020）的局面。在很大程度上，正是在水污染既有治理机制“力有不逮”和国家高度重视“河川之危”“水源之危”的时代背景下，作为在地方具有十多年运行经验的河长制进入了国家视野。换句话说，它的层次升级存在结构化的空间，是在国家水污染治理的总体制度安排中发展起来的，是在国家环境治理需求侧发生深刻变化的制度结构中晋升为国家治水政策，继而成为新时期的“治水纲要”和水生态文明建设的“行动指南”的。

---

① 《习近平谈资源安全：全面促进资源节约集约利用》，人民网——中国共产党新闻网 2018 年 8 月 16 日，http://cpc.people.com.cn/xuexi/n1/20180516/c385474－30233113.html. 访问日期：2019 年 10 月 8 日。

第六章 河长制治理机制的泛化倾向

河长制演变为国家层面制度安排后，不少地方在社会治理领域依循河长制推出了很多类似的新“长制”，将这一模式视为解决突出矛盾和体制机制障碍的通用良方。由此，这一治理机制在产生效果的同时也出现了某些泛化现象。其实，在创新扩散领域，这是一种常见的社会现象，一项制度产生绩效和广泛的社会影响后，往往都会诱发其他领域的借鉴与模仿效应。而现代社会治理不能仅依靠政府，必须激活社会，发挥公众的主体作用。就政府系统本身而言，需要强化科层部门的“守土有责”“守土负责”“守土尽责”意识，并通过体制机制创新增强其治理能力，而非一味地催生新“长制”。

第一节
治理机制的泛化效应

一、治理机制泛化现象及其含义

在建章立制和全面推广河长制的背景下，各地纷纷结合实际构建河长治水体系。与此同时，河长制出现了制度再生产效应——受其启发，不同版本的“N 长制”纷纷出台。由此，河长制这一母体出现了裂变效应。一方面，河长制本身出现了碎片化现象，即水体治理领域产生了池塘长制、水库长制以及沟渠长制等。在本质上，这是河长制名称的碎片化，其运行机制与河长制并没有实质性区别，只是名称表述不同而已。另一方面，其他社会治理领域借鉴河长治水经验产生了相应的“长制”，譬如，粮食安全管理中的“库长制”、产业振兴中的“茶长制”、森林管理中的“林长制”、山体保护中的“山长制”、农田管理中的“田长制”、草原保护中的“草长制”、垃圾分类中的“桶长制”、滩涂管理中的“滩长制”、海湾管理中的“湾长制”、厕所管理中的“公厕长制”、大气污染治理中的“点位长制”，等等。此外，还有不少“长制”处于制度设计或地方酝酿之中，呼之欲出。在一定程度上，这反映了河长制的溢出效应。

这种现象可称之为治理机制泛化，需要引起审视。所谓泛化，一般指的是“变得宽泛，指由个别到一般或由具体到抽象”（说词解字辞书研究中心，2011：346）。河长制的治理机制泛化，指的是地方政府沿着河长制逻辑设置更多其他类型的“长制”，试图使之成为解决突出矛盾、关键问题以及体制机制障碍的通用良方。其实，在创新扩散领域，任何一种管理制度和治理机制，一旦产生品牌效益都可能出现泛化现象。比如，硅谷因为其标杆性社会声誉，不少地方沿此逻辑出现了概念模仿效应，很多领域特别是科研机构纷纷向“硅谷”这根旗杆靠拢，提出在相应的领域打造国际一流水准，由此产生了“中国气象谷”“蓝色硅谷”等。因此，笔者申明，本研究仅涉及对治理机制泛化这一现象的学理分析。

需要指出的是，本研究所探讨的河长制治理机制泛化，指的是河长制上升为国家治水政策后地方政府仿效其治理范式和运行机制而出台和实施的“长制”，并不包括在河长制出台前就已经出现的“长制”(比如,路长制等)。河长制治理机制泛化主要表现为两个方面。一是治理对象泛化,地方政府将针对水污染治理的“长制”模式泛化到其他领域;二是功能泛化,“长制”被赋予了过高的期待,似乎可以包医百病。

二、泛化的“长制”类型及其运行方式

这些“长制”模式普遍强调层层压实责任主体的属地责任,具有鲜明的责任制属性。而压实责任的客观结果,使得其同时具有压力型体制属性。就责任和压力的承载方而言,主要包括三种类型。首先,党政双首长或者行政首长负责制。主要包括“林长制”“湾长制”“滩长制”“公厕长制”“点位长制”,等等。其次,政府部门一把手负责制。粮食安全管理中的“库长制”是这方面的主要代表,其中,有的地方是由发展和改革委员会牵头,有的地方则是由粮食和物资储备局牵头,总库长由这些职能部门的一把手兼任。最后,基层自治制。主要包括“楼栋长制”和“桶长制”等,其中,“桶长制”是针对垃圾分类而实施的一种制度①。整体上看,“长制”模式中强调的责任落实以党政双首长或者行政首长负责制为主。但不管是哪种“长制”,到了行政村和社区,村(居)委会主任或党支部书记都需要担任相应的“长”。这意味着,上面的“长”可能由多人分别担任,而到了基层,常常是一人分饰各种“长”的角色。

这些“长制”结合所在区域或社会治理领域的实际情况,在名称和工作架构方面进行了适当调整。同时,它们的运行方式与河长制高度相似,并在党政系统中构建了“纵向到底、横向到边”的组织框架。一是明确职责,并设立“总长”/“副总长”以及具体的“长”;二是设置公示牌,明确任务目标和联系方式;三是实施“巡视”制度(按照河长“巡河”逻辑,开展相应的“巡视”工作);四是设置相应的“长制办公室”(也有一些地方虽然实施了“长制”,但并没有设置办公室),负责“长制”工作的协调和有关任务落实等工作。目前,地方媒体常对当地新鲜出炉的“长制”冠以“重要的制度创新”等美誉。

---

① 比如,上海市奉贤区为推进垃圾分类设立了三级桶长。其中,“一级桶长”由村委会班子和有关的分管干部来担任,每人负责一个责任区,指导和监督责任区内的垃圾分类制度。“二级桶长”是责任区内的党员和志愿者,按照就近原则和村民、住户结对,具体负责指导村民进行垃圾分类。“三级桶长”则是保洁员和分拣员。参见李荣:《上海奉贤区试点“桶长制”推进农村生活垃圾分类》,搜狐网 2018 年 9 月 26 日,http://m.sohu.com/a/256254406_313745,访问日期:2020 年 1 月 17 日。

第二节
治理机制泛化的基本逻辑

近年来，河长制似乎成了孵化器，很多地方基于河长制经验出台了新型“长制”。这种治理机制泛化有其特定的产生背景。河长制的标杆效应、常规治理机制失灵、“长制”模式的历史传统、政府主导型治理模式的路径依赖、地方政府的政绩增长需求以及职能部门寻求工作抓手的诉求都是这种现象产生的主要因素。其中，随着地方竞赛科目的变化，地方政府的政绩增长诉求可能更具导向性。

一、河长制的标杆效应

河长制是基于地方实践而产生的治水制度，最初是一项应急方案。在应对水污染问题方面，它推动了很多“老大难”问题的解决。随着河长制标杆效应的彰显，不少地方积极借鉴河长制经验，以期推动本地区“疑难杂症”的解决。

河长制成为国家层面制度安排后，自上而下的行政要求和层层考核成为其运行的主要推动力量。在此背景下，不但河长制本身得以快速推广，这一机制也快速扩散到其他社会治理领域。正处于社会转型加速期的中国，面临的社会矛盾和社会问题具有复杂性和多样性。在河长制彰显治理绩效的背景下，“长制偏爱症”容易具有市场。地方政府看到了其在协调“上下游”和“左右岸”等方面的功能与绩效，期望借助“长制”模式破除本区域或本部门在解决突出矛盾方面的体制机制障碍。与此同时，很多问题都是“老大难”问题，职能部门尽管背负压力甚至骂名，但无法独当一面，由地方党政主要领导挂牌督办的治理机制时常被视为达成“老大抓了就不难”这一目标的法宝。

二、常规治理机制失灵

很多社会问题与社会矛盾的产生机制具有相似性。当前，很多领域都存在多头管理和交叉管理，同时面临着治理资源不足、常规治理绩效不佳甚至失灵这一共性问题。而这又会成为各种“专项治理”频仍的主要诱因。

科层运动化常常是有效治理之关键(陈家健,2015)。周雪光(2012)认为,运动型治理机制是因"常规型官僚体制的组织失败而存在和启动"的,是"校正其积习惰性和偏离轨道的机制"。既有治理绩效低下的现实困境,促使地方政府寻求非常规治理机制,从而产生了"以非常规方式开展常态化的治理行动"(杨志军,2015)现象。更有甚者,不以常规治理亦跳过制度化轨道,转而寻求运动的形式,这种现象被学界称为"常规治理的运动化"(倪星 等,2014)。当前,很多问题都存在"社会需求"与"治理能力"两张皮现象,即公众对问题的解决有很高的期待,但现有治理机制和部门的治理能力难以满足社会期待,面临着治理资源不足和治理能力不够困境。比如,地方官员常常感叹"千难万难,一把手负责则不难",故而乐于呼唤高位协调。这种机制的长期疗效虽有待观察,但对于短期内解决特定问题则确有效能。在中国当前的治理框架下,如果能通过成立临时机构等方式使特定问题成为"中心议题",进入"优先议程",就能够推动资源整合,也有助于在短期内提升治理绩效。笔者在参加长江流域"非法采砂"主题调研时发现,很多地区的相关部门都反映所在部门人手不足、资源不足。为此设置的各种联合执法机构和联席会议制度,虽然发挥了一定作用,但依然面临着协调不力、管理制度流于形式甚至形同虚设问题。位于长江中游的某省通过实施政府行政首长负责制,有效协调了政府职能部门资源,高效率地解决了一批突出问题。"长制"模式以"高位推动"为显著特征,往往是在党政一把手直接推动下开展工作,能够在短时间内集中特定区域内的最权威、最主要和最全面的资源,对于"疑难杂症"的解决具有疗效。正因为如此,有的地方借鉴河长制治理机制实施的"长制"治理模式,受到了主流媒体的肯定与认可。比如,有些地方实施的"厕所长制"和"林长制"等,受到了新华社等主流媒体和国家行政主管部门的肯定。在此意义上,河长制治理机制泛化,是地方政府期望借助"长制模式",回应社会诉求和民生诉求以及通过专项治理解决特定问题的现实需求使然。所以,针对这类现象,我们需要采取审慎的分析立场,坚持具体问题具体分析,防止简单批判的理解倾向和价值预判。

三、"长制"模式的历史传统

"长制"模式是一种资源调配机制,对于解决责任不清和推诿扯皮以及提高治理效率具有实际意义。事实上,"长制"模式具有历史传统和文化痕迹。中国历史上就重视责任制,圩长制、圩长制等都具有这种属性。就当前粮食安全管理中的"库长制"而言,历史上也有概念层面颇为相似的"粮长制"。当然,二者的职能完全不同。粮长最早设于明朝洪武四年(1371),洪武十五年(1382)被撤销,洪武十八年(1385)则恢复重设(夏维中,2006)。粮长由富人与大户担任,负责粮食(秋粮)的征收等工作。此外,粮长还能获得做官的机会(吴启琳,2012)。当时,粮长成为朝廷税赋制度中的重要支撑。很明显,彼时的粮长是由民间人士并非地方官员担任,与当前的"长制"模式不同。

中国的传统文化重视行政长官意志,同时具有"治官"与"束官"传统。对官员的治理和约束,既是解决社会问题的重要法宝,也是赢得民心的重要基础。所谓"做官不为民做主,不如回家卖红薯"等俗语也都凸显了行政长官履职的重要性。中华人民共和国成立后实施的领导小组负责制,事实上也强调了领导负责制和责任制。此外,中国的国家治理重视行政首长负责制,也即通俗意义上的"一把手负责制"。1982年通过的《中华人民共和国宪法》,首次以宪法的形式确定了行政首长负责制的地位,这一制度被认为是"适合于中国行政管理的政府工作责任制"(徐刚,2013)。除了行政效率高等优势外,行政首长因为其掌握的资源优势,能够推动问题的有效解决。因此,很多领域都纷纷推崇行政首长负责制。

四、政府主导型治理模式的路径依赖

路径依赖最初指的是"经济发展一旦进入某个路径,就可能对这种路径产生依赖,而且这种依赖还会不断自我强化"(转引自狄金华,2019:135)。在社会治理领域,一项制度安排被实践检验具有成效后,同样容易成为其他社会问题解决方案的路径依赖。

政府主导型治理模式能够广泛调动资源,集中力量解决突出问题,因此,尽管它在理论层面存有争议,但实践层面却频频被采用。在政治话语层面,"政府主导"已经转向"政府负责"①,但不管如何变化,都凸显了中国社会治理机制与西方的差异,其背后则表明社会治理需要基于中国国情与社情。换言之,这提醒我们不能从西方的治理理论"理解中国语境中的治理概念"(成伯清,2019),更不能据此指导中国的治理实践。

"长制"模式本质上是一种政府主导型治理模式,这在中国社会发展和社会治理的方方面面,都有着深刻体现。虽然国家在塑造"小政府、大社会"格局,但事实上,受制于结构性因素,政府"大包大揽"现象并未发生实质性变化。在某种意义上,河长制的治理机制泛化现象存在深刻的体制性根源。有研究认为,"作为从全能主义蜕变过来的权威政体",中国"具有从全能主义政治中继承下来的政治资源"。在"强国家-弱社会"的治理结构下,"一旦社会问题凸显,国家便有运用权威进行控制的习惯冲动,

① 2004年,党的十六届四中全会上首次提出"建立健全党委领导、政府负责、社会协同、公众参与的社会管理格局"。2015年,党的十八届五中全会提出"完善党委领导、政府主导、社会协同、公众参与、法治保障的社会治理体制"。2019年,党的十九届四中全会提出"完善党委领导、政府负责、民主协商、社会协同、公众参与、法治保障、科技支撑的社会治理体系,建设人人有责、人人尽责、人人享有的社会治理共同体"。

出现‘社会矛盾凸显—加强控制’的路径依赖”(转引自狄金华,2019:128-129)。就环境治理而言,虽然国家高度强调社会组织和公众参与的重要性,但后者所拥有的资源、能够发挥的作用以及行动空间都还比较有限。因此,当下的环境治理还没有跳出政府主导型这一范式。从某种程度上说,这种治理惯性和路径依赖是结构化的,具有一定的文化基因。也许正因为契合这一点,“长制”呈现出了密集出台和量化生产的态势。

五、地方政府的政绩增长需求

对于地方政府而言,赢得晋升锦标赛(周黎安,2007)必须创造政绩绩点。在某种程度上,传统的“为增长而竞争”(张军,2005)已经演变为“为创新而竞争”。有研究认为,地方政府的竞争格局发生了变化,传统的“增长”竞争空间日益缩小,为获取相对竞争优势,地方政府开始为创新而竞争(何艳玲 等,2017)。政府创新具有重要的激励效应,既反映在政绩考核层面,也反应在为官一任的声誉层面,其重要性日益凸显。

对于地方官员而言,通过社会治理创新制造“经验”“模式”在其晋升赛道上扮演着日益重要的角色。狄金华(2019:79)认为,地方政府依循中央精神进行制度创新不仅具有“正当性”,还因能“跟上步伐”而吸引上级政府的注意力。当下,各种“长制”属于“改造型创新”(陈家喜 等,2013),即在贯彻落实中央关于全面推广河长制精神基础上,将这一治理机制衍生到相关领域。就政府创新而言,显示度最高的是原创型创新,在实践层面,地方政府往往也将对既有创新题材的“改造版”视为创新范畴,对河长制加以改造所形成的各种“长制”就属于这一范例。地方政府热衷于出台新的“长制”,是寻求政绩出彩点的表现。每当一种“长制”出台,它所在的地方政府和媒体都积极宣传其“率先”“探索”“先行先试”价值以及示范意义,将之称为社会治理的新制度以及推动人与自然和谐共生的新机制,等等。同时,地方政府试图将其打造成为“典型”,扩大“试点”范围或进行更大范围的推广。何艳玲等人(2017)指出,“试点”在中国具有重要指向意义,一旦成为上级授权的实验场,就会获得相应的资源与支持。在实践层面,这种“试点”既可以获取政策资源和资金支持,还能产生政策经验和示范效应,有助于形成发展经验和治理模式,从而产生显示度更高的政绩。

需要指出的是,虽然很多“长制”都被媒体冠以制度创新等美誉,但事实上,有些在其他地方早就开始试验或运行,称之为“首创”并不确切。路长制是这方面的典型案例。近年来,很多地方都在推动实施路长制,山东聊城、江苏南京、浙江宁波等多个地方在推广路长制时,明确提到借鉴了河长制的成功经验。但是,本书第三章已经澄清,路长制的历史比河长制要早。有案可稽的是,南京市玄武区早在 1996 年就已经实施了路长制[1]。不仅如此，路长制的实施对河长制的出台提供了直接或间接的经验借鉴。无论是在江苏无锡还是浙江长兴，路长制的实施都早于河长制，且为后者的出台提供了实践经验。然而，路长制出台后没有产生广泛的社会影响。可能正因为如此，当河长制成为国家层面制度安排后，媒体报道中常常认为路长制是受河长制启发而形成的。

此外，学界需要对媒体宣传的创新型"长制"加以甄别。在创新热潮中，有一些创新机制并没有本质的突破。比如，有些地方开展错位竞争，推出了"沟渠长""池塘长""水库长"等针对农村小微水体的"长制"。这些虽被所在地方政府称为重要的制度创新，但本质上只是为河长制换个"马甲"而已。其实，这也不是河长制实施中产生的特有现象，很多领域都普遍存在。《半月谈》的调研发现，不少政策"创新"是政绩冲动所致。一些领导干部政绩观走偏，以所谓的创新向上级彰显能力（郑生竹 等，2019）。有研究指出，"碎片化创新""趋同式创新"等问题日益凸显（李晓燕，2018）。而就后果而言，这种颇有赶风头和机会主义特点的基层社会治理创新，常常只能"各领风骚二三年"，难以具有稳定性和持续性（成伯清，2019）。

六、职能部门寻求工作抓手的诉求

很多职能部门都面临着"权小责大"以及层层考核的压力传导机制，但部门资源的有限性使得其难以实现有效治理和系统治理。在特定的时空范围内，行政资源的总盘子是相对稳定的，不是所有部门都能获得满意的资源供给。一般而言，弱势部门获得的资源量是有限的。而若该部门构建"长制"后，就可以有力地与平级政府部门竞争财政与政策等稀缺资源。因此，职能部门也是这一机制盛行的重要推手。比如，地方林业部门负责人对"长制"盛行给出的理解是：

一是部门想让自己的工作进入地方党政领导视野，让他们看得见；二是增加部门话语权和行政资源；三是整合力量解决实际问题；四是在媒体宣介下增进部门工作的社会认可度。（访谈编号：20190814QYX-HL）

不少地方在实施新"长制"过程中，遵循了因地制宜和因行业而异的基本准则。笔者在中部地区 T 市（县级市）和 Q 县对林长制的调研发现，这些地方的林长制不是对河长制的简单模仿，而是结合林业特征做了相应改造。比如，当地根据林业特点提出了"五绿"目标，除了"护绿""增绿""管绿"等工作外，还强调"用绿"和"活绿"，即通过发展"林下经济"，推动"绿水青山"和"金山银山"的融合以及"绿水青山"向"金山银山"的转

[1] 夏桂萍：《1996 年玄武区工作概述》，转引自南京市玄武区玄武年鉴编辑组：《玄武年鉴（1996）》，第 20 页。

化,这体现了林长制工作的接地气特征。此外,林长制框架下还强调推动林业生态扶贫,带动贫困户脱贫和发展。这些都是河长制所不具备的,因为河长制强调管护与"退出",要求清理河湖"四乱"("乱占""乱采""乱堆""乱建"),并不存在"用水经济"方面的内容。可见,林长制体现了林业的特殊性以及地方政府政策的灵活性。

需要指出的是,实施林长制之前,林业部门实际上具有林长制关涉的相关职能,也开展了相关工作。比如,"林下经济"等工作开展了多年,但缺乏现在的规模效应和声势。而在林长制框架下,林业部门能够争取更多的政策、调动更多的资源,从而增加了部门话语权,更好地推动了工作开展。换言之,带上林长制帽子,林业部门能够吸引地方政府的注意力,推动平级政府部门间的沟通与协调。Q县调研期间,林业部门反映,以前是分管领导给予工作指导,现在则由县委书记担任林长,遇到相关问题可直接向县委书记和县长汇报,由他们出面协调解决。同时,"林下经济"发展模式也发生了很大变化,传统的"林下经济"已经进入穷途末路,必须转型。通过借助林长制,林业部门撬动资源,拓展了"林下经济"的内涵,开始向森林旅游和生态康养(医养结合)等方向转型。(访谈编号:20190814QYX-HL)

T市林业局森林资源管理科科长(林长制工作科联络员)认为,基层林业部门现在是"小牛拉大车"。在国家部委中,林业部门的位次在下降——随着大部制改革,林业部门由正部级单位降级为副部级单位,但工作内容并没有减少,随着国家林业部门的"降级",地方林业部门在开展工作时常面临着身份尴尬、资源调动不力和行政协调不力等问题。林长制建立后,市委书记(县级市)是林长,林业局局长是林长制工作科的科长,业务工作具有了"直通车"效应,林业部门的话语权和林业工作的重要性立马凸显出来,推动问题解决也容易了(访谈编号:20190812TC-LYJ)。此外,就森林资源滥砍滥伐而言,以前往往是"先发生后发现",即滥砍滥伐出现后管理部门或护林员才能发现,难以有效预防。而实施林长制后,监督力量和力度明显增强,预防功能明显提升(访谈编号:20190812TC-HJZ)。当然,因为能源消费结构变化等原因,传统的滥砍滥伐现象已经大量减少。

简而言之,"长制模式"能够诱发资源再分配效应。在此逻辑下,政府部门希望借助这一机制解决突出问题,从而助推了"长制"模式的流行化。

第三节
治理机制泛化的风险

构建“长制”治理模式，让党政一把手推动工作开展，有助于实现部门联动和资源整合。同时，地方政府具有主观能动性，不少“长制”治理模式结合了所在区域和领域的特点进行了有针对性的调试。尽管如此，仍然需要客观审视河长制治理机制泛化的风险。

一、行政成本的增加

在社会治理中，确实还存在不少政府履职不力甚至缺席等情况，需要强化政府监管责任。但是，如果无限制地生产“长制”，容易导致行政成本增加，甚至导致行政资源浪费。

笔者在林长制主题调研时，Q县林业局局长在高度肯定林长制工作的同时，也对“长制”大量产生的社会现象表达了自己的观点：

林长制推动了林业工作的开展，但也需要看到，如果没有林长制，“林下经济”等工作仍是要持续开展的。对于林业部门而言，这是一项本职工作。同时，“长制”不能是空洞的口号，需要与有效的政策和地方可持续发展结合起来进行考虑，否则就纯粹是发明概念了。

林长制的成员单位包括26个联动部门，我们在工作中也发现，其他部门的积极性并不高。其实，这是很自然的事情，其他部门都有自己的本职工作。因此，林业部门首先要做好自己的事情，如果本职工作都做不好，怎么能在林长制框架下协调其他部门呢？如果都想着协调其他部门、依靠其他部门，那么，自己所在的部门存在的意义也就不大了。（访谈编号：20190814QYX-HL）

政府部门都有其主职主业，都有其本职工作。如果每个政府部门都主导成立一种“长制”，那么，这些“长制”也就相当于没有多少意义了。因为所有的部门都在协调其他单位，也都在被协调的单位成员中。如果“长制”遍地开花，那么，所有的部门既协调其他部门，也是其他部门的协调对象，其最终结果就与不设置“长制”没有区别。此外，大量竖牌也需要较高的财政支出。比如，Q县在实施林长制过程中竖立300多块牌子，每块牌子（含支架等）需要2 000元人民币，此项支出至少60万。领导更换时，如果需要换牌子，每块牌子又需要一笔费用。（访谈编号：20190814QYX-HL）这还只是一个面积不足1 200平方公里和常住人口只有25万人的县。因此，出台“长制”也需要考虑这些基础的成本。此外，“长制”框架下的文本规范制定、政策工具准备和相关机制运行等都需要支付相应的行政成本。

二、基层政府疲于应付

河长制能发挥治理绩效的深层机制值得总结提炼，这一机制中可资比较的治理经验需要传承创新，但这并不意味着有必要或者可以沿着河长制轨迹无限地生产“长制”。政府部门本来就要担负“守夜人”角色，不能一出现矛盾和问题，就要出台各种“长制”。如果按照这种治理逻辑，鉴于当前中国社会转型期面临的问题与挑战，现行的各种“长制”可能还需要持续扩展。但问题是，这么多的“长”是否可以根治问题？特别是，在属地管理原则和层层签订责任状的运作机制下，主要责任和压力事实上转移到了基层。在此背景下，基层需要面临着围绕各种“长制”的自上而下型绩效考核，必然出现疲于应付以及由此引发的相关问题。

在行政系统内部，受“正式权威（如人事控制权、监察权、指导权和审批权）”和“剩余控制权（如不受约束的否决权和干预权）”（周黎安，2014）约束，承包方不仅需要积极开展试点，还必须精心准备各种台账，应对名目繁多的考评。地方政府每推出或试点一种“长制”，不可避免地都要开展相应的考核、检查、评估以及试点验收等工作，基层也就需要开展相应的“迎考”和“迎检”，文山会海也就在所难免。同时，强化过程管理和痕迹管理，容易导致大量台账堆砌，基层干部需要分配很多精力用于档案和台账梳理。而层层考核、各种报表和台账以及工作留痕等机制又有可能诱发文本主义和形式主义，最终可能导致事与愿违。就效果而言，这些文本未必发挥着实际作用。调查发现，有些村（社区）内都竖了不少“长制”的牌子，但往往都没有多少实际功效，而且也不环保。此外，基层干部这批特殊群体对中央“减负”文件盼望已久，2019年的“减负”精神让他们充满期待。

就运行机制而言，各种“长制”都沿着河长制框架，实行挂牌和“巡视”等制度，表现为设置“长制”会议制度，实施信息报送制度、联席会议制度、工作督察制度、“巡视”（“巡河”“巡田”等）制度以及相应的考核机制等。所谓“上面千条线、下面一根针”“上面千把锤，下面一个钉”，在属地管理原则下，基层党政干部面临着很多的工作压力。事实上，无锡推出河长制不久，肖显静（2009）就抛出了一个问题，即根据经济社会发展面临的问题，按照河长制的基本思路，还要任命各级党政一把手做“林长”（保护林地）、“空长”（治理空气污染）、“矿长”（避免矿难）等，如此，“党政一把手纵有三头六臂，也难应付”。而这种预言现在则成了现实，各种“长制”纷纷涌现，只是名称有所区别而已。2019年5月，笔者在上海参加河长制第三方评估时，基层“河长办”普遍反映编制不够、人力资源不够，以及基层疲于应付各种检查等问题突出。如果一地实施过多种“长制”，那么，林林总总的“长制”以及层层加码的运作逻辑，很可能导致基层政府不堪重负。笔者在中部地区的Q县和T市调研期间发现，很多乡（镇）长同时担任“河长”“路长”“林长”等。在此背景下，他们是否有足够的时间开展各类“巡视”，都需要打上大大的问号。即使可以“拨冗巡视”，亦恐“力有不逮”而难以持久。事实上，我国经济社会发展进程中需要解决的问题很多，不可能事无巨细都要出台“长制”，社会也承担不起过高的运动式治理成本。

三、公众力量容易被忽视

社会治理不能仅仅依靠权力系统，更不能忽视或轻视社会力量。《中共中央关于全面深化改革若干重大问题的决定》指出，“全面深化改革的总目标是完善和发展中国特色社会主义制度，推进国家治理体系和治理能力现代化”。按照推进国家治理体系和治理能力现代化的要求，政府需要从“大包大揽”向“多元主体、良性共治”转型，积极推动协商民主，增强社会活力。

正如有的学者指出的那样，在“强政府、弱社会”的系统结构中，社会的“塌陷”已经成为国家现代化之路的最薄弱环节（王华杰 等，2015）。如果这种治理机制持续泛化，可能导致“长制依赖症”，导致公众的主体责任被忽视或轻视。事实上，河长制并非“万能钥匙”，运行中还存在很多问题。比如，有研究认为，河长制运行中可能存在治标不治本的粉饰性治污行为（沈坤荣 等，2018）。现代社会治理必须激活公众的主体责任意识，否则，不但治理成本巨大，而且难以取得预期绩效。即使是河长制本身，也正在为夯实其社会之基而持续优化其治理结构。近年来，各地为提升治水绩效，大力推动“民间河长”上岗（比如，志愿者河长、社工河长以及企业河长等），即河长制实施中已经在夯筑社会这一重要基石。然而，有些地方的“民间河长”的社会属性不强，其工作依赖于政府动员和相关补贴，本质上还是政府逻辑和市场逻辑，而不是社会逻辑。当然，社会逻辑并不意味着不需要经济刺激。

笔者在T市调研期间，林业部门对林长制工作给予了高度认可，但同时认为，林长制的最大特点是将市场和社会做的事情重新移交给了政府，使得政府变得大包大揽。林业局工作人员向我们讲述了两个案例。一是森林保险。森林保险具有重要作用，政府需要发挥引导和宣传功能。在林长制实施之前的几年，当地就在推动森林保险。村民是否购买森林保险，本是村民和保险公司的事情，应该凭村民意愿以及保险公司的公关能力。但实施林长制后，村民购买森林保险率，成为林长制工作绩效的考核指标和任务，政府需要动员村民购买森林保险。否则，工作考核可能无法通过或者拖后腿。二是林地流转。林地流转是推动适度规模经营、促进林业增效和林农增收的重要抓手，它本来是林农内部或林农与有关企业的事情，政府和林业部门原本主要扮演的是协调和引导的角色。实施林长制后，虽然继续强调尊重林农意见，但流转率属于林长制"活绿"部分的考核指标，成为政府和林业部门的工作任务。林业部门的规划、引导和服务职能，转成了考核指标。（访谈编号：20190812TC-LYJ）

政府大包大揽容易"刺激民众把一切不满归于政府，也把一切希望寄托在政府身上"（童星，2018：319）。如果"长制"大量实施的话，民众的主体责任意识可能会趋于淡化。简而言之，社会治理需要增强社会性，弥补"社会"这块短板，并需要为激活公众主体责任创造空间与制度环境。当下，在强化政府担当意识的同时，需要按照十九届四中全会精神，"建设人人有责、人人尽责、人人享有的社会治理共同体"，推动责任主体积极参与公共事务治理。

四、治理绩效的衰减

科学的政绩创新是推动经济社会发展与进步的重要力量，但是，沦为"政绩工程"的创新则存在很多问题。有研究表明，基于政绩竞争驱动型的政府创新往往存在简单重复的"内卷化"问题（陈家喜 等，2013）。如果河长制的治理机制持续泛化，容易导致其边际效益递减这种"非预期性后果"。

当前，很多所谓的治理创新往往沦为形式化的模仿或作秀。《半月谈》发表的文章指出，很多"创新"政策和做法都是有名无实的"新概念跑车"，跑不了基层的"路"，而且大多"寿命"不长。这些"纸上创新"多是无用的"文字游戏"（郑生竹 等，2019）。有研究认为，在同级政府竞争等驱动机制作用下，基层政府热衷于出台新概念，但不可持续是一个突出问题[①]。谷志军与黄卫平（2018）认为，忽视需求创新的"唯创新"没有在创新主体与受众之间形成上下互动，容易透支执政的合法性资源。在此背景下，地方政府"进行创新扩散就失去了政绩意义"（管兵，2008）。过于强烈的政绩增长诉求，导致地方官员急于"出模式"和"出经验"心态，但由于科学化和规范化程度不够，最终导致很多模式与经验只是"应景之作"，难以持久，更难以制度化。与河长制的运行逻辑类似，

① 任克强：《制造经验：城市基层政府社会治理创新行为研究》，博士学位论文，南京大学，2019。

衍生版的各种“长制”运行的关键并非“有名”，而是“有实”和“有效”，唯此，“长制”工作才能真正运转起来。否则，如果各类长“只挂帅不出征”，那么，无疑只是增加了形式主义而已。尤为重要的是，诸种“长制”的密集实施和累加效应可能导致“长制”设置的目标初衷与实际效果相背离，引发其治理效能的衰减效应，即实施的“长制”越多，治理绩效越差。最终，这也不利于河长制的实施。

五、“南橘北枳”效应

所谓“它山之石，可以攻玉”，产生绩效的治理机制需要梳理和借鉴。但是，不能盲目跟风。如果不加限定地移植具有特定时空背景的治理机制，很可能诱发“南橘北枳”效应，即特定治理机制具有其产生的特定时空条件和社会环境，它在特定的领域中具有显著绩效，但移植到另一个领域则有可能低效甚至没有绩效。

制度借鉴和移植过程中，有很多成功案例，也有不少失败教训，甚至还有不少制度模式在“试点”地区产生了积极绩效，但在向其他地方移植过程中遭遇了失败（程士强，2018）。经验借鉴和推广的历史实践表明，有些产生显著绩效的制度范式具有其特殊性，存在一定的适用边界。比如，家庭联产承包责任制取得了显著绩效，解决了困扰中国多年的温饱问题。作为一种制度创新，它受到了国内外的广泛关注。为提高绩效，国企积极推广企业承包制，但以失败而告终①。研究表明，工业部门的特殊性导致农业生产中十分有效的激励机制并没有产生相应的效果——工业生产要求高度的分工与协作，难以分解为以个人或家庭为单位的生产单元（齐晔 等，2008：121）。类似教训不一而足，这表明制度移植需要综合考量多种因素而不能盲目而为，治理经验和机制也不能一味地模仿与复制。一言以蔽之，河长制在促进协同治理方面具有特定的优势，存在适用空间。学习借鉴河长制的智慧与治理经验，需要考虑到这一点。

---

① 在20世纪80年代城市国企改革举步不前之际，人们认为可以引入业已取得成功的家庭联产承包责任制。1983年初，中共中央书记处要求在城市工商业中全面推行企业承包制。随后，国有企业普遍实行了承包制。但是，它很快导致了经济秩序的混乱和物价上涨，中央不得不停止推行承包制。参见吴敬琏、黄少卿：《对国有企业的放权让利》，人民网理论 2008 年 11 月 27 日，http://theory.people.com.cn/GB/49154/49155/8419321.html，访问日期：2018 年 1 月 15 日。

第四节
“长制”治理机制与科层制

河长制上升为国家层面制度安排后，“长制”模式在政府系统内部拥有了众多粉丝。“长制”模式既是一种治理机制，也是一种问责机制。这种模式有其特殊功效，但更需要在科层制框架下，强化政府部门“守土有责”“守土负责”“守土尽责”意识，并通过体制机制创新增强其治理能力。

一、“长制”机制的绩效与问题

大量的基层创新实践及其扩散对于推动经济社会发展发挥了重要作用，这是中国改革开放40多年来取得重大发展成就的重要密钥。作为一项治水方略，河长制就是一项由地方创新实践上升为国家治水政策的治理机制。河长制是地方政府鉴于既有的常规治理机制绩效不佳甚至失灵这一困境，另辟蹊径，探索出的新型治理机制。在运行过程中，它是首长负责制和党政主要领导干部的治污承包制，通过“一把手工程”和高位推动，它推动了责任分担和责任落实。通过“领导挂帅、部门联动”，它改变了职能部门之间相互诿过的格局。近年来，它也在一定程度上破解了“公水悲剧”难题。在很大程度上，它是针对特定问题，以“非常之举行非常之事”，因而产生了治理绩效。在水污染形势异常严峻和治理体系碎片化阶段，河长制有其特殊优势，对于治理“老大难”问题也具有特殊绩效，这是河长制实现自主扩散的重要前置条件。

产生绩效的治理机制容易引发制度再生产效应。河长制制度再生产中出现了治理机制泛化现象，似乎“河长是个筐，长制也是一个框，什么都可往里装”，沿着河长制的治理逻辑出现了很多新的“长制”。近年来，这种治理机制泛化现象似乎出现了强化的趋势。在某种程度上，河长制产生了“放大效应”，即功能被放大、预期目标被放大。确实，政绩考核和“关键少数”在中国的社会治理领域发挥着十分重要的作用。在很大程度上，他们掌握着社会治理的资源，由他们担任各种“长”，往往也就抓住了相关议题的“牛鼻子”。但是，必须清醒地看到，河长制本身并不是万能的。况且，河长制运行中仍存在较为突出的“有名无实”等亟待解决的问题。此外，在完成特定阶段的使命后，它亦将向常规治理转型。所以，如果将“长制”看作包治百病的良方，既与事实相悖，也滥用了“长制”这一机制。不仅如此，有些“长制”存在概念炒作嫌疑。还有一些地方推出的“长制”在初期工作开展得红红火火，而当主推领导离任后，该地逐渐不再推行该项制度。一言以蔽之，对于现代社会治理而言，不能沉湎于“长制”的发明。

二、让科层制运转起来

多头管理和职责交叉重叠以及部门之间遇到问题相互推诿等现象，并不是当代中国的特有问题，在历史上一直都存在，其他国家也同样存在。而到了现代社会，这个问题变得更加复杂，这与现代社会分工及其精细化有关。

现代社会高度强调专业化，同时社会分工趋于精细化。社会各领域既有自身的专业性，也不可能脱离其他单位而独自运行，因此，专业化的提高往往意味着彼此依赖性的增强而不是减弱。对于政府部门而言，成立分门别类的机构，也是为了让专业的部门办专业的事情，让专业的人员做专业的工作，形成各司其职的良性局面。但随着职能分工的精细化，多头管理和职责重叠交叉等问题也出现了。鉴于此，国家积极推动大部制改革，推动部委机构的改革与整合。但一个客观情况是，很难将一个领域划分出来由一个机构实现完全独立的管理。因此，不同机构之间存在一定的管理交叉是一种客观存在。

我国社会主要矛盾已经发生了深刻变化。党的十九大报告指出，“我国社会主要矛盾已经转化为人民日益增长的美好生活需要和不平衡不充分的发展之间的矛盾”①。要解决这些社会矛盾和社会问题，必须强化科层部门的尽责意识，增强其治理能力，而不是一味地催生“长制”。遇到特殊和迫切需要解决的事项，可依循“领导小组”的治理模式，协调行政资源、推动问题解决。如此，任务完成后领导小组自动终结，也避免了“长制”立法等成本问题。因此，政府治理的核心是要理顺体制机制，破解体制机制障碍，让科层制运转起来。即使对于弱势部门而言，也需要循此规律。简而言之，就政府治理而言，最终还是需要沿着科层制轨道，通过各司其职与各司其责解决社会问题。

本研究是根据河长制治理机制泛化的一个分析维度，阐释了治理机制泛化的产生

---

① 习近平：《决胜全面建成小康社会，夺取新时代中国特色社会主义伟大胜利——在中国共产党第十九次全国代表大会上的报告》，参见中国政府网：http://www.gov.cn/zhuanti/2017-10/27/content_5234876.htm。

逻辑及其风险。必须说明的是，本研究审视的是治理机制泛化现象，并非反对积极借鉴河长制的有益经验。而且，如前文所述，我们需要采取审慎的分析立场。坚持具体问题具体分析，避免简单批判和价值预判。此外，各种衍生版的“长制”产生时间不长，运行时间短，有的还处于建章立制阶段。因此，它们的实施绩效如何，特别是某一地区同时实施多种“长制”后的绩效如何，究竟会引发什么问题，还需开展更为深入的实证研究。

第七章 河长制运行中的不足

河长制推动了生态文明建设，解决了治水中的一批突出难题，但目前与其制度设计中预期的“河长治”这一目标尚不能完全画等号。为了破解河长制运行中暴露的矛盾，同时为了响应环境治理体系与治理能力现代化的要求，各地都强调积极调动企业与社会力量，由此推动了“民间河长”的创新扩散。民间治水实践取得了积极成效，但依然存在着很多矛盾。客观分析与理解这些矛盾，既是全面认识河长制及其扩散规律的基础，亦是河长制行稳致远的关键。

第一节
“官方河长”运行中的多重矛盾

河长制全面实施以来，在各级河长“包河”“包段”的承包治理下，一批长期难以解决的涉水问题得到了“整改销号”。同时，河流家底得到了进一步疏理，河流治理具备了权威数据支撑。但是，河长制的执行过程涉及利益调整、资源整合、部门协调和相关配套机制建设。任何一个环节出现故障，都会导致制度运行中的矛盾。笔者将体制内的河长群体称为“官方河长”，他们所遭遇的困境往往是河长制实施中的主要矛盾。

一、河长“有名”与“有实”的距离矛盾

落实治水责任是实施河长制的初衷，亦是国家推广河长制的“底线要求”。但是，河长制运行中存在着比较突出的名实分离矛盾。所谓名实分离，指的是各地依循中央要求建立了河长制和河长办，出台了很多政策，但河长的主要工作停留于“发号施令”“听汇报”“作报告”，并未深入治水一线，亦未在推动治水关键环节和突出矛盾解决方面发挥应有的功能，由此制约了河长制的治水效能。在某种程度上，这是“委托-代理”关系中的常见现象，即国家要求地方各级领导干部担任河长，但部分河长并未严格履职尽责，从而制约了预期目标的达成。

目前，全国“官方河长”已经有120万名，河长队伍蔚为壮观，但如何有效落实河长责任依然是个重要问题。在实际工作中，有的河长“只挂帅不出征”，甚至不清楚自己负责的河流范围；有的河长“只传球不踢球”，将任务要求和考核压力传递给职能部门和下级河长；有的河长敷衍塞责，平时不作为，当上级河长莅临或环保督查机制启动时才急于应付。此外，还有不少地方的河长的动力机制取决于上级政府和上级河长的重视程度，这表明河湖治理在从“权威缺漏”极端转到“权威依赖”极端(李波 等，2018)。其中，前者意味着河湖治理曾一度存在着“权力真空”现象，而后者则说明上级政府及其传导的压力是河长制推行的主要驱动机制，一旦上级领导重视程度有所下降，河长的治水动力就容易趋于下降甚至消解。

鉴于河长制运行中的名过其实与名不副实矛盾，国家层面通过政策调适进行完善。水利部 2018 年 10 月 9 日印发的《关于推动河长制从“有名”到“有实”的实施意见》，就是关于名实分离问题的一项制度回应，但并未能够彻底扭转这一局面。2019 年 8 月 23 日，全国人大常委会委员长栗战书(2019)在作全国人大常委会执法检查组关于检查《中华人民共和国水污染防治法》实施情况的报告时指出，河长制从“有名”向“有实”还有较大差距。同年 8 月 25 日，全国人大代表方敏在全国人大常委会联组会议上指出，“有的河长有名无实，有的有名有实但作用发挥不大”。时任水利部部长则坦诚“这方面的问题确实很突出”。[①] 迄今为止，名实分离问题仍未得到有效解决。整体上看，河长“有名”与“有实”之间的距离包括以下几个方面。

首先，有些地方的河长制出现了代理化现象，呈现出了任务外包特点。比如，有些乡镇和村聘请工作人员担任“代理河长”，河长的巡河手机由他们代为管理，由此产生的巡河轨迹算作河长的工作量。他们发现问题后，如果能联系相关部门加以解决则问题自动销号，如果无法解决再反馈给河长加以协调或解决。从基层社会运行的角度看，这种代理化现象有其特定的原因：有的是地方河长渎职与懈怠所致；有的则是身兼数职的基层官员为了完成上级政府以及职能条线上的多项任务而选择治水任务外包，以缓解系统内的工作压力和自身的角色紧张。

其次，有些地方河长制成效的宣传和其实际绩效存在鸿沟。笔者在东部沿海地区某城市调研发现，该地以政府购买服务的方式，聘请第三方机构(公司)开展河长制评估，以期为河长制巡诊把脉。座谈会期间，河长办及其提供的宣传资料都显示，第三方评估是其工作的重要亮点，但第三方评估报告也不能做到完全透明公开。

再次，一些地方的河长制形同虚设。中央环保督察组 2018 年 6 月在河北定州段检查发现，大沙河河堤垃圾“应有尽有”，沿河垃圾袋触目惊心。而根据河北省有关市县 2017 年《全面建立河长制工作考核验收评分表》，“评分细则要求如果存在县乡级未巡查河道等情况要扣分。但是，大沙河石家庄新乐段等在存在诸多问题的情况下，仍然能在‘河道巡查情况’中得到满分”[②]。笔者田野调查中发现了类似的问题。2019 年 5 月，笔者在东部 S 市调研期间发现，有些河长制公示牌附近就存在垃圾遍地情况。2019 年 8 月，笔者在中部地区 T 市调研期间，河长办提供的信息显示了类似的问题：有

---

① 政务报道组：《水利部答全国人大专题询问：河湖长制干什么、谁来干、怎么干、干不好怎么办》，中国人大网 2019 年 8 月 26 日，https://www.thepaper.cn/newsDetail_forward_4256870，访问日期：2019 年 8 月 27 日。

② 《河堤惊现 3 公里“垃圾带”石家庄市、定州市大沙河河长制形同虚设》，新华网 2018 年 6 月 14 日，http://www.xinhuanet.com/politics/2018-06/14/c_1122986236.htm，访问日期：2020 年 2 月 5 日。

些地方“虽然明确了河长、立了公示牌，但不少工作停留在表面，对侵占河湖违法建设、非法排污、非法采砂、倾倒固废垃圾等突出问题的整治不够彻底，有的地方甚至公示牌附近垃圾成堆”①。十三届全国人大常委会第十二次会议举行分组会议期间，有委员披露了其在调研中发现的更为突出的问题：

有的县级河长不知本条河流基本信息，不知本条河流水质差的具体原因，不知本条河流需抓紧抓实要解决的急迫问题，俗称“三不知”河长；有的河长只听情况报告而不实地调查，即使乡镇级河长提出具体问题来，也不作任何表态，不拿出解决问题的具体措施。（王晓琳 等，2019）

最后，河长制规定的工作量存在着“虚假完成”现象。比如，四川省西充县水务局发布的调研报告称，按照当地县级河长每月巡河一次的频率规定，21条县级河道每月巡河次数应不少于21次。但抽查发现，2018年1月仅完成了38%（8次），2月仅完成了33%（7次）。同时，有的联络员单位认为河长制非本单位“三定方案”职责职能，他们“根本未到现场，在办公室‘加工’完成巡河记录”，此外，还有一些巡河记录存在着编伪造假现象。② 这种现象并非个案，需要引起重视和反思。

河长制不是“冠名制”，其实施成效已被纳入中央环保督察范畴范围③。迄今为止，河长因“不作为”“虚假作为”以及“乱作为”而被问责的情况并不少见。据水利部的统计数据，“2018年各地共问责不作为、乱作为、虚假作为的河湖长4 624人次”④。2019年，全国共问责河湖长和有关部门负责人3 961人次，其中市级255人次、县级649人次、乡级3 057人次⑤。这些数据既说明了问责的力度，也客观地说明了河长制名实分离问题还具有较大的普遍性。为此，水利部《2020年河湖管理工作要点》再次将河长制从“有名”迈向“有实”列为工作重点，以期尽快推动河长制名实相符。

二、正向激励与负向激励的力度矛盾

制度的执行必须要有相应的激励机制，这包括正向激励（比如，职务晋升、荣誉表

① 参见《T市河长制湖长制工作开展情况汇报》（2019年8月13日田野调查资料）。

② 西充县水务局：《您巡河了吗——西充县河长制工作情况通报》，西充县人民政府网2018年4月3日，http://www.xichong.gov.cn/govopen/open-info.jspx? id=20180403092800-053797-00-000，访问日期：2020年3月3日。

③ 曹滢：《“河长制”将纳入中央环保督察》，新华网2016年12月12日，http://www.xinhuanet.com/politics/2016-12/12/c_129400693.htm，访问日期：2020年3月1日。

④ 政务报道组：《水利部答全国人大专题询问：河湖长制干什么、谁来干、怎么干、干不好怎么办》，中国人大网2019年8月26日，https://www.thepaper.cn/newsDetail_forward_4256870，访问日期：2019年8月27日。

⑤ 毛睿：《水利部：全国河湖“清四乱”整治问题13.4万个》，琅琊新闻网2020年1月2日，http://www.langya.cn/lyzt/lyhzz/gzdt/202001/t20200102_611651.html，访问日期：2020年1月20日。

彰与物质奖励等)和负向激励(比如,行政问责与党纪政纪处分等)。全面推广河长制,需要实施相应的激励机制。2016 年,水利部和原环保部联合印发的《贯彻落实〈关于全面推行河长制的意见〉实施方案》做了这样的表述,“建立考核问责与激励机制,对成绩突出的河长及责任单位进行表彰奖励,对失职失责的要严肃问责”①。但在实践层面,正向激励机制还不到位。基层河长认为,他们是在本职工作之外开展治水工作,工作任务和压力增强了,但正向激励机制并不解渴。

基层河长被称作河长制体系的“末梢神经”,而他们发挥的功能是基础性的。顶层设计往往都需要基层政府以及村(居)委会的贯彻才能得以落实。然而,正向激励不足制约了基层河长的工作动力。基层河长认为自身需要强化责任担当,但是也需要正向激励。此外,河长问责这种负向激励又是以基层河长为主。如前所示的水利部公布的 2019 年河湖长问责情况,乡级河长问责占比 77.18%、县级河长问责占比 16.39%,县乡两级问责河长占比 93.57%。问责集中于河长制塔基,固然与河湖治理的属地责任密切相关,但如果负向激励远大于正向激励,也会影响基层河长的治水活力与效能。

正向激励不足是河长制名实不符现象产生的重要肇因。水利部已经意识到正向激励不足问题,并积极通过财政机制加以平衡。2019 年,水利部对工作成效明显的 5 省份(浙江、福建、广东、贵州与宁夏)分别给予 5 000 万元奖励,同时“落实中西部贫困地区河长制湖长制补助资金 2.5 亿元”②。这是一种典型的正面激励,对于推动河长制的实施具有重要的促进功能。然而,这种整体性的正向激励,距离实现“以点带面”效果还有不少差距。2020 年初,水利部发文表示要健全正向激励机制,并增强河长制湖长制正向激励力度③。2020 年 5 月,国务院办公厅印发通知,在全国范围内评选出 10 个市(地、州)、10 个县(市、区)给予激励,涉及 15 个省(自治区)④。其中,“给予每个市 4 000 万元、每个县(市、区)1 000 万元奖励,用于河长制湖长制及河湖管理保护工作”,奖励金额合计 5 亿元⑤。这种国家财政专项转移支付机制(周飞舟,2012)是调动地方

---

① 参见水利部、环境保护部《贯彻落实〈关于全面推行河长制的意见〉实施方案》。

② 鄂竟平:《坚定不移践行水利改革发展总基调 加快推进水利治理体系和治理能力现代化——在 2020 年全国水利工作会议上的讲话》,《中国水利》2020 年 2 月 4 日,http://www.chinawater.com.cn/bldzq/ejp/2/202002/t20200204_744158.html,访问日期:2020 年 2 月 5 日。

③ 参见《水利部关于印发对河长制湖长制工作真抓实干成效明显地方进一步加大激励支持力度实施办法的通知》。

④ 详细名单为:黑龙江省佳木斯市、肇源县,江苏省宿迁市,浙江省金华市、衢州市柯城区,安徽省黄山市,福建省三明市、永春县,江西省宜春市,山东省潍坊市、沂水县,河南省息县,湖北省宜昌市,湖南省湘潭市,广东省江门市、广州市白云区,四川省成都市金牛区,贵州省兴义市,青海省贵德县,宁夏回族自治区隆德县。

⑤ 佚名:《国务院督查激励通报:213 个地方予以 30 项奖励支持措施(附名单)》,中国经济网 2020 年 5 月 12 日,https://www.sohu.com/a/394694973_120702。访问日期:2020 年 6 月 9 日。

政府工作动能的重要杠杆。在此示范效应下，有些地方通过省级水利专项资金就河长制工作进行物质激励。这些措施对于推动河长制的实施具有重要的促进功能，但激励机制还需要制度化和常态化。

三、“河长办”与“河包办”的组织矛盾

“河长办”是河长制办公室的缩写。《关于全面推行河长制的意见》要求县（市、区）以上设置“河长办”，并对其职责做了原则性规定，包括“承担河长制组织实施具体工作，落实河长确定的事项”以及“加强组织协调，督促相关部门单位按照职责分工，落实责任……共同推进河湖管理保护工作”。目前，少数地方在乡镇（街道）设有“河长办”，还有极少数行政村设置了“河长办”。这一机构主要负责的是综合协调工作。通俗而言，河长是司令员，“河长办”工作人员是参谋，需要为河长提供咨询和协调服务。但经常出现的情况是，“河长办”往往成了“接盘侠”，几乎与河湖有关的工作都被纳入其工作范畴，“河长办”由此演变成了“河包办”。

“河长办”是一个综合性与协调性的机构，不是所有与河湖有关的工作都是“河长办”的职能。因此，不能把水利等职能部门的工作视为“河长办”的工作，也不能把河长不参与的工作强加给“河长办”。比如，河湖岸线保护方案的编制，是河湖处工程管理科的工作，而不是“河长办”的工作范畴。（访谈编号：20191012WX-BHQ）

此外，“河长办”有时候演变成了“水利办”。比如，中部地区T市“河长办”负责人认为，河长制办公室是个临时性机构，当地的“三定方案”尚未确定，工作人员都由水利局工作人员兼职。在实际开展工作时，“河长办”有时就成了“水利办”，这种职责不明和权属不清问题，导致“河长办”难以成为高效运行的机构。[①]

四、信息公开与反馈不畅的对立矛盾

在国家全面推行河长制之前，实施河长制的地方都建立了公示牌制度，即将河长制的基础信息公示在河岸的牌子上，包括河长姓名、职位、职责、电话、河道长度、水质以及水体治理目标等。此举旨在表明地方政府的治水姿态，也是为了吸引公众监督以便更好地推动治水工作。国家全面推广河长制后，作为一种信息公开机制，河长制公示牌成为一项标准化配置。而就其功能发挥而言，还需要信息反馈机制作为配套。但是，根据执法检查人员、公众和媒体拨打公示牌上的电话结果来看，不少河长的电话处于无人接听状态，有的接听后表示并不了解情况或消极应对，还有一些地方的河长制

① 资料来源于《T市河长制湖长制工作开展情况汇报》(2019年8月13日田野调查资料)。

公示牌形同虚设(表 7-1)。

表 7-1　检查部门/市民/媒体拨打河长制公示牌电话的结果

年份与地点	具体情况	备注
2015 年,广州	《南方都市报》记者拨打广州市 18 个河长电话,有 12 个无人接听。能接通的电话,基本都不是河长本人,而是其助理或小组工作人员。	《关于全面推行河长制的意见》印发之前
2015 年,杭州	拨打 10 个电话,接听的只有 2 人。	《关于全面推行河长制的意见》印发之前
2015 年,青岛	市大气和水污染治理工作指挥部办公室安排人员拨打河段长电话,共发现 44 个“问题电话”。其中,9 位接听者表示不了解或无法协调,34 个电话号码无人接听或者电话被转出后无人接听,另 1 个电话号码为空号。	《关于全面推行河长制的意见》印发之前
2015 年,青岛	市大气和水污染治理工作指挥部办公室安排工作人员对第一次电话暗查中问题较多的青西新区和平度市进行了重点抽查。调查显示,仍有 13 个河长电话无法接通。	《关于全面推行河长制的意见》印发之前
2016 年,广州	《南方都市报》记者拨打广州 16 条跨界河流的区级河长电话。有人答复积极,有的电话无人接。其中,花都区 7 位河长电话无人接。	《关于全面推行河长制的意见》印发之前
2016 年,海口	《工人日报》记者拨打 32 位河长电话发现:2 个号码错误,16 个号码无人接听,3 个号码有人接但机主不是河长,11 个号码的机主为河长本人但无法拨通。	《关于全面推行河长制的意见》印发之前
2017 年,无锡	滨湖区市民拨打河长电话反映河道污染,但无人接听。记者随后拨打河长电话,存在因河长更换等原因无人接听情况。	《关于全面推行河长制的意见》印发之后
2017 年,成都	《成都商报》记者拨打公示牌上的河长电话,12 个电话中 10 个有人接听,并接受群众反映和监督,但仍有 2 个电话无人接听。	《关于全面推行河长制的意见》印发之后
2018 年,江阴	记者多次拨打河长制公示牌上印制的监督电话,均无人接听。	《关于全面推行河长制的意见》印发之后
2019 年,安康	记者多次拨打河长制公示牌上印制的监督电话,均无人接听。	《关于全面推行河长制的意见》印发之后

资料来源:根据《工人日报》《南方都市报》《现代快报》《无锡日报》《成都商报》、“浙江在线”以及“新华网”等进行的信息梳理。

制度规范要求不能“人走政息”，人事变动也不能影响河长制的实施。然而，河长制公示牌信息更新不及时容易导致公众与河长之间的信息沟通受阻，公众无法进行有效监督和投诉。如上表所示，中办与国办印发《关于全面推行河长制的意见》之后，电话无法接通的情况大幅减少，但依然存在打不通等情况。此外，还有不少河长并不清楚自己的“责任河”。这既影响了公众的环境监督，也影响了河长制的实施成效。

五、标准化要求与精准化实施的治理矛盾

中国国家治理存在着“权威体制”和“有效治理”之间的矛盾（周雪光，2014）。中国幅员辽阔，区域之间的工业化水平和生态环境本底状况差异很大。国家要求在河长制推广过程中根据地域实际开出精准“处方”，有针对性地出台治水方案。但是，自上而下的原则性要求与精准化实施之间存在着矛盾，基层社会及其多样性与复杂性往往没有得到有效考量。

首先，基层河长巡河频率的设置缺少对区域社会的深入理解。国家要求省、市、县、乡四级河长深入一线巡河，以扭转过去漠视环保的局面。各地实施河长制时，都普遍地将行政村纳入进来（少数地方将村民小组也纳入进来），并相应地进行加码。在巡河频率方面，各地没有统一规定，但都存在自上而下的递增趋势，即越到基层，巡河频率越高。比如，云南省某县规定的巡河频率是：县级河长每月一次，乡镇河长每周一次，行政村河长每三天一次，村组河长每天一次。其中，村组河长每月有600元的补助，行政村及以上河长没有补贴。各级河长巡河轨迹都需要上传到巡河系统。但是，在行政村和村组内部，基本还是“熟人社会”，村两委负责人和村小组长一般都生于斯长于斯，熟悉村内的水系情况。同时，他们的工作和生活空间都在村内。因此，这种要求其每三天一次甚至每天一次的巡河频率规定，忽视了他们对村庄的熟悉状况，以及他们对“家河”的理解和认知能力。此外，河长“打卡”也需要考虑区域状况。比如，工业基础薄弱且山清水秀区域的河长制方案，与工业经济发达且水污染严重区域的河长制方案，不应采取同一标准。笔者在中部某山区调研发现，当地工业经济并不发达，水环境状况良好，因此，每天都要巡河的意义不大。后来，他们结合实际对巡河次数做了修订。比如，T市QC镇首次规定的巡河频率是村级河长每月巡河不少于四次，后来发现不需要如此高的频率，遂将之修改为每月巡河不少于两次，巡河频率由此减少了50%。这表明，在设定河长的巡河频率等方案时，需要洞察区域社会，并因地制宜。然而，目前采取标准化方案或者机械地照搬文件的现象还比较突出。

其次，“一河一策”方案编制的科学性与针对性不足。编制“一河一策”的初衷在于找准河流的“病源”，为精准施策和精准治理提供基础。编制“一河一策”会形成正面清

单与负面清单(彭勃 等,2017),前者包括地方政府在河湖治理方面必须要开展的拆违等工作清单,后者包括企业不能排污等限制性清单。整体上看,"一河一策"方案编制为河湖治理提供了重要基础。但是,也有不少地方和编制单位对其重要性认识不足,编制过程中的科学精神不够,形式主义丛生。有些地方"一河一策"的编制成为利益相关者追逐利益的游戏,有的编制单位忙于"抢蛋糕",并没有认真地开展基础性的调查研究。一方面,方案编制中的路径依赖问题突出。有些编制单位完成一条河流的方案编制后就形成了模板,后续方案编制时通过替换地名、河流名称等信息再稍加改动就形成新的"一河一策"方案。还有一些编制方案是对其他"一河一策"方案的简单改造,不具有针对性。此外,很多方案编制常常照搬河长制"六大任务"("加强水资源保护""加强河湖水域岸线管理保护""加强水污染防治""加强水环境治理""加强水生态修复""加强执法监督"),但对河湖实际考虑不足,比如,不是所有的河湖都存在"六大任务",但很多编制方案都花了大量篇幅阐述这些问题。另一方面,有些方案编制缺少深度调查与问题诊断。2019 年 8 月,笔者在中部某省调研期间,一名县级市的河长办工作人员讲述了当地"一河一策"编制情况。全市有 50 条河流,按照每条河 2 万元(人民币)的标准,对外招标时标注的基准价是 100 万。当时有 10 多家单位投标,最终是省城一家设计院以 52.8 万元的最低价中标。当问及编制水平和"一河一策"的操作性情况如何时,该工作人员笑着说,"质量有待提高"。细问之下,对方回应道:编制单位工作人员在该地工作了两天(包含往返日),他们编制所需的资料都由水利局提供。同时,水利局已经对全市范围内的河湖情况做了摸底排查,编制过"一河一策"方案。但是,水利局没有资质,也不能作为投标单位。他们将这些材料毫无保留地提供给了编制单位,后者根据这些资料完成了方案编制。后来,河长、河长办和河长制协作单位审阅后提了不少意见,编制单位根据意见做了调整和完善,该方案也就由此定稿了。编制"一河一策"肯定需要地方配合,需要他们提供水系图纸等基础资料。但是,如果编制单位不开展基础性的调查研究,不熟悉河流的"上下游"和"左右岸",根据文本编制文本,那么,"一河一策"编制自然无法达到初衷。就效果而言,必然无法成为具有科学性和可操作性的河流治理指导准则。

六、新旧体制机制障碍并存的叠加矛盾

河湖治理中原有的体制机制障碍尚未得到根本解决。比如,河长制设置初衷之一是打破"九龙治水"怪圈,破解水污染治理中的体制机制障碍。从河长制的实际运行来看,这一障碍尚未得到完全解决,"多头管理"和"联动机制不联动"等问题依然不同程度地存在着。东部地区 W 市 B 区总河长在全区河长大会上指出了这一问题:

目前，全区治水涉及诸多部门，有河长办、治水办、太湖办、排水管理处、环卫处、养护处等，可谓九龙治水。缺少强有力的统筹协调，导致了治水信息共享难、机制对接难、矛盾协调难、整治联动难等这样那样的问题。很多工作是“铁路警察、各管一段”，造成典型的“三个和尚没水吃”。以河长办与治水办为例，按照上级要求，河长办是全区河长制牵头抓总的机构，治水办则负责统抓面上重点工程项目推进，前者侧重“管”，后者偏重“建”，理想的状态应该是两个部门紧密配合、互相支持，形成“1＋1＞2”的协同效应，共同搭建“建管并举”的治水联动格局。但在实际工作中，信息共享不畅，协调联动不够，造成一方面河长办对治理进度、工程质量等情况掌握不够、难以整体推进，另一方面治水办对河道治理工程的实施效果及后续监管缺乏有力抓手。①

治水实践中还面临着新的体制机制障碍。一方面，国家层面的河长办需要通过顶层设计进行优化。水利部成立了全面推进河长制工作领导小组办公室，对外简称水利部河长办。然而，由于国家层面没有设置总河长，水利部河长办的资源调动能力有限。在特别强调科层制等级仪式的制度文化中，这使得河长办的权威性不够，工作力度严重受限。另一方面，基层“河长办”力量薄弱。当前，很多地方的河长办没有落实“三定方案”，他们普遍反映人手不够，与实际需要承担职责的匹配度不够。基层河长办需要发挥司令部角色，但专职人员非常少，很多人员属于临时借调，甚至还要同时负责原部门的工作。地方政府已经意识到这一问题，但增加编制又很困难，因为河长办是一个协调机构。不仅如此，基层河长普遍性地面临着权责倒挂问题。权力与责任应该嵌入科层制组织，这是“公共行政的基本原则”，但实践层面常常出现权责背离倾向（麻宝斌等，2010）。在实际工作中，基层河长资源调动能力有限，往往面临着“责任无限大、权力很有限”的不对称困境。而有的上级河长“甩锅”给基层，又会加重基层负担。此外，河湖治理需要专业知识，而基层河长的专业化程度不够，多数河长并不具有专业化知识背景。

① 参见《XF 在全区深化河长制工作及水环境综合治理攻坚大会上的讲话（2018 年 3 月 26 日）》，2019 年 10 月 B 区河长办提供。

第二节
“民间河长”实践及其困境

河长制推动了很多突出难题和历史遗留问题的解决，而这一机制的运行需要支付很高的行政成本。近年来，地方政府纷纷完善环境治理体系，进行社会动员，推动社区居民、志愿者、社会组织以及企业负责人参与河湖治理，产生了形式多样的“民间河长”。在很大程度上，这体现了地方政府河湖治理方面“补短板”和“强弱项”的取向。

一、“民间河长”的内涵及其起源与扩散

1. “民间河长”的界定

在不同的历史时期，水的社会管理具有不同的内涵。其中，传统社会强调的是防洪与河湖疏浚，并产生了圩长和塘长，这些主要是民间自组织形态。宋代之前，中国江南大圩上的水利共同体是与国家专制相连的屯田军体制，同时存在着豪民圩田社会。其中，后者是原生性的社会组织，所谓“田各成圩，圩必有长”，其职责在于“修筑堤防，浚治浦港”。宋初，水利共同体与官方集权一起崩溃，民间维护圩岸的习惯亦被破坏。此后，官方不再实行屯田式管理，修圩责任转交民间自组织体系（王建革，2013：248－249）。明朝弘治年间，河道淤塞不治问题突出，很多地区都设置了塘长。“设塘长专一督责基层水利”，以加强自主性，后期则被“官僚制同化”，成为“政府派役工具”（王建革，2013：258－274）。到了现代社会，河湖管理中已经没有了传统意义上的圩长和塘长，而“民间河长”这一队伍在近年来则实现了快速发展。

从广义的角度来看，所有的民间爱水人士与河湖环保人士都可称作“民间河长”。这一界定包括那些没有河长头衔但扮演了河湖保护与治理角色的民间治水力量。众所周知，水污染导致民众开展了大量的污染抵制和河流保护行动。比如，享有盛名的护水者行动起源于1966年纽约哈德逊河蓝领渔民的护水实践。有文献将这些护水者称作美国的“民间河长”（林燕梅，2019）。他们的行动启发民间力量在全球各地成立护水组织。1999年6月28日，全球护水者联盟（Waterkeepers Alliance）在美国纽约注册

成立。目前，护水者联盟已经联合了300多个护水者组织，巡护着全球六大洲超过270万平方英里①的河流、湖泊和沿海水域。护水者联盟致力于推动河流恢复到“可饮”“可渔”“可游”状态。2007年，中国民间环保组织“绿色汉江”与“绿家园志愿者”加入全球护水者联盟，让国内护水行动与国际护水网络得以勾连。② 就中国而言，很多民间环保组织都有爱水情怀，不少民间环保组织的成立就与水资源保护有关，比如，“绿色浙江”“淮河卫士”“绿色潇湘”等一大批环保组织都致力于河湖保护工作。有的环保组织还发起了“亲水为邻”项目，推动了水环境治理。此外，很多人还以个体化的方式开展护水实践。例如，无锡市退休教师吴寿鑫通过亲身观察，撰写《水日记》、记录水质变化，并向政府部门呼吁加强水污染治理（访谈编号：20170929WX-SLJ），他事实上就扮演着“民间河长”角色。这些民间治水实践对政府加强水污染治理构成了倒逼机制，推动了环境保护事业的发展。可见，这些社会组织和公众没有“民间河长”这一称谓或头衔，但扮演了相应的社会角色。

狭义层面的“民间河长”指的是与“官方河长”相对应、具有河长称谓的民间治水力量。就此意义而言，“民间河长”在本质上是公众参与在河湖保护领域的具体呈现形式，是河湖治理中发挥公众主体性功能的一种探索与实践。本研究所称的“民间河长”是一种狭义层面的界定，不包括“无其名有其实”的民间治水力量，而是特指具备“民间河长”之名的人员，即获得地方政府及其职能部门、村（居）委会、环保组织或其他组织授予“民间河长”称谓的治水人士。之所以采用这一界定，旨在更好地与各级“官方河长”形成对应关系。

2. “民间河长”的起源与扩散

“民间河长”是公众参与框架下的一项环境治理实践，这一概念为公众所了解，大概始于电影《河长》。这部取材自2007年太湖蓝藻事件的电影，被称作“中国首部水危机主题电影”。影片中，著名演员牛犇扮演的张清水为守望“母亲河”，积极调查企业排污行为，撰写《河长日记》。他在剧中有句台词“我就是一名自封的河长”。

在治水实践中，南京莫愁生态环境保护协会（以下简称莫愁协会）较早地启动了“民间河长”工作。2007年6月，该协会（当时尚未在民政部门注册）在莫愁湖开展环保宣传活动，当其要求游客不要随地吐痰和乱丢垃圾时遭到游客对怼，“你们又不是湖长，管得还挺宽咧。”莫愁协会认为游客所说的“湖长”很形象且能体现他们的角色，协

---

① 1英里≈1.609千米。270万平方英里≈699.297平方千米。

② 材料为“绿石环境保护中心”总干事李春华提供，谨此致谢。护水者联盟网站为 https://waterkeeper.org/。

会理事长遂担任莫愁湖“湖长”。无锡市推行河长制后，他们将“湖长”更名为“河长”。之后，他们发布了《河长手册》，以便让公众能够准确观察环境问题，识别水体悬浮物，理解水质COD（化学需氧量）和BOD（生化需氧量）等专有名词。但是，该组织当时所开展的工作在地方政府和企业那里很难打开市场。而且，他们还担心被地方环境监管部门贴上“抹黑”或者“捣乱”的标签。彼时，地方政府更为关注的是经济发展，“别人能礼貌地听完我们的环保理念，然后再礼貌地将我们送走，就是我们能得到的最大礼遇”（访谈编号：20200820NJ-LN）。但莫愁协会并未就此放弃，而是坚持将河湖保护作为中心工作。后来，莫愁协会还成立了江苏省公众河湖长网络，以期搭建制度化的民间治水组织架构。

国家全面推广河长制以来，各地积极调动民间治水力量，产生了不同类型的“民间河长”。目前，民间治水队伍规模庞大。比如，有媒体宣称浙江省拥有10万多名“民间河长”，而全省五级（省市县乡村）河长总量是5.7万名①，“民间河长”数量为“官方河长”的1.75倍。整体上看，其快速发展与扩散主要受到以下因素驱动。

一方面，这是国家完善环境治理结构、优化环境治理体系的制度要求。学界对河长制有褒有贬，而批评的焦点是它忽视甚至排斥社会力量。其实，政学两界都越来越深刻地意识到，政府主导型环境治理模式有其固有的缺陷，同时政社之间并非零和博弈关系（汪锦军，2015），而是具有很强的互补性。近年来，国家大力推动政府、市场、社会组织与公众协同治污。随着环境治理体系现代化理念的提出，水污染治理中关于发挥公众主体作用的呼声日隆。中办和国办印发的《关于全面推行河长制的意见》强调“拓展公众参与渠道，营造全社会共同关心和保护河湖的良好氛围”，这为“民间河长”快速发展提供了制度环境。此外，水利部印发的《关于推动河长制从“有名”到“有实”的实施意见》，要求“加强对民间河长的引导，发挥民间河长在宣传治河政策、收集反映民意、监督河长履职、搭建沟通桥梁等方面的积极作用”。凡此种种，都向地方政府传递了构建民间治水机制的政策要求。由此，各地在推广河长制时因地制宜地开展政社联动，产生了不同类型的“民间河长”。

另一方面，这是地方政府开展社会动员进而迈向“河长治”的重要抓手。河长制是一项治水的工作机制，“河长治”才是目标。河长制虽然推动了很多突出难题和历史遗留问题的解决，但仅仅依靠行政河长，很难达成“河长治”这一目标。因此，地方政府需要开展社会动员，推动社区居民、志愿者、社会组织以及企业负责人参与河湖治理，由

---

① 李玲玲：《浙江五级河长制共有5.7万余名河长 10万民间河长》，浙江在线2018年10月8日，http://town.zjol.com.cn/cstts/201810/t20181008_8426177.shtml，访问日期：2020年1月28日。

此产生了形式多样的“民间河长”。同时，这一治水机制有助于消解行政专断缺陷，亦能“强化公共事务治理中的社会问责机制”（雷明贵，2018）。简而言之，水污染治理是一项“持久战”，这种需要“久久为功”的事务必然离不开社会力量的广泛参与。换句话说，积极依靠社会力量，发挥沿河（湖）居民的主体责任，是实现水环境长治久清的重要基础。

近年来，中国呈现出了丰富多彩的“民间河长”治水图景，其动员结构主要包括三种情况。其一，行政动员型。这是由地方政府通过制度设计和舆论宣传，动员和聘请社会力量担任“民间河长”。在此框架下，地方政府提供一定的资金和技术支持，并实施荣誉表彰机制（比如，年终评选“最美民间河长”）。当然，地方政府也提供一定的任务清单，比如，开展巡河、撰写巡河日记等。有些地方还邀请在本地居住且热心公益的国际友人担任河长，产生了所谓的“洋河长”。其二，社会动员型。民间环保组织通过搭建民间治水机制，推动了“民间河长”的发展。有些地方还推出了村民自治型“民间河长”，以村庄内部力量组建的“池大爷”“塘大妈”等农村河道村民自治就属于这种情况。一般情况下，各地会优先考虑经济收入较低的人群参与，以便发挥“扶贫”与“助困”的连带功能。其三，群团组织动员型。共青团和妇联等群团组织推动了“巾帼河长”“美丽河嫂”等治水力量的成长。这些组织虽不是行政机构，但往往承担了官方意志，具有混合型动员结构的特征。整体上看，不同区域以及不同类型的“民间河长”功能差异甚大。从理想类型角度来看，一种可称作名实兼具型，即“民间河长”的治水行动具有持续性和稳定性，并发挥着重要的治水功能；另一种则可称作名实分离型，即“民间河长”的治水行动缺少持续性与稳定性，其象征意义大于实际功能。二者代表着“民间河长”的两极状态，整体上看，多数“民间河长”介于名实兼具型与名实分离型之间。

二、名实兼具型“民间河长”

名实兼具型“民间河长”治水行动具有持续性和稳定性，具有较强的资源动员能力和广泛的社会影响。一般而言，他们具有如下特征。

1. 社会动员优势明显

动员社会力量参与环境治理，是一项“知易行难”的事务。政学两界都意识到社会动员的重要性，但尚未形成有效的社会动员机制。而名实兼具型“民间河长”通过价值倡导和资源链接等方式，促进了河湖治理的社会动员。

“民间河长”在社会动员方面具有亲和性优势。在早期阶段，社会力量关注水问题具有零散性和自发性特征，而“民间河长”队伍的发展则增进了其自觉性。近年来，民间治水力量深入社区和学校开展自然教育，并联合学校开展了“保护湿地”“爱护河湖”“节约水源”“清理垃圾”等环保实践活动，不但丰富了学生群体的“第二课堂”，而且增进了他们保护自然的意识。特别是，通过环保公益宣传、环保课堂以及环保公益沙龙等形式，“民间河长”深化了环境保护与污染治理的社会共识。比如，有的民间环保组织提出了“团结一切可以团结的力量搞环保”“小力量推动大改变”“行动就有可能”等理念（访谈编号：20200820NJ-LN），不但凝聚了一批民间治水力量，而且为环境改善提供了社会信心。在实践层面，由其动员产生的“民间河长”积极链接媒体等资源，解决了一些环保“堵点”。此外，有些“民间河长”通过口述史等方式，建立河流历史及其治理方面的资料，形成了河湖档案数据库，为环境教育提供了生动素材。诸如此类的社会行动在引导公众关注河流危机、促进公众“知水”“懂水”“爱水”以及营造河湖治理的社会氛围等方面发挥了积极功能。这种环保氛围的营造推动了环境问题的社会建构，进而有利于在更大范围内开展社会动员，凝聚环境治理的社会力量。

此外，地方政府积极发动社会力量，遴选和塑造了一批“民间河长”。在某种程度上，这是行政动员框架下的社会动员。地方政府开展了多样性的探索与实践，比如，贵阳观山湖区人民政府在向民间环保组织购买第三方监督服务时，促成了“双河长制”（“官方河长”＋“民间河长”）的工作机制。当后者发现问题后，监管部门需要尽快赶赴现场研判环境问题，并付诸整改（任红，2017）。这种机制促进了河湖管护的社会化，同时具有政府购买服务属性，即地方政府及其水利、环保以及河长办等部门向社会组织购买河湖保护与监管方面的服务，体现为向社会组织采购河流治理方面的综合服务，包括公众评议、宣传教育、第三方监督等（田家华 等，2018）。在此框架下，“民间河长”根据地方政府及其职能部门委托与契约开展专业服务，这为其获取资源以及河湖保护的持续性社会动员提供了基础。

2. 环境监督网络宽广

名实兼具型“民间河长”积极编织社会监督网络。他们扮演着啄木鸟角色，能发现“官方河长”不易发现的问题。一般而言，他们对当地的水环境演变有着独特的社会体验，具有自己的观察视角和信息收集渠道，能够为监督地方政府治污行为和企业生产行为提供“第三只眼”。特别是，在环保督查背景下，企业排污行为和环境破坏行为变得更加隐蔽，因此，社会监督显得更加重要。

“民间河长”在宣传和塑造亲水与护水的价值规范过程中，推动了社会监督网络的发展。有的“民间河长”邀请环保组织举办专题培训班，编制《民间河长操作手册》，以便促进民间治水力量理解环境问题中的专业名词和技术词汇，掌握黑臭水体治理原理以及阅读水质监测报告的能力，进而提升履职能力以及河湖保护的专业性。实践证明,这种能力培训在为其履职尽责方面的赋能,以及在实务工作中“尽责而不越位”提供了重要基础。此外,河湖环境存在着“一人管、十人扔”的现实困局,而“民间河长”有助于带动居民形成相互监督机制。特别是在农村“熟人社会”,他们扮演的河湖“守望者”角色,能够形成社会规范的约束力。概括而言,这对于引导公众关心和关注水问题,继而为“由点及面”地推动环境问题的解决提供了重要的社会基础。

社会监督力量的广泛性能够弥补政府监督力量不足困境,有时还能填补政府监督盲点,推动地方政府拾遗补阙。一般而言,名实兼具型“民间河长”环境监督的稳定性强。比如,有的环保组织让“民间河长”基于便捷性和环保可持续性原则,在住家附近、上班途中以及单位附近自主选择一条需要监管的责任河进行长期管护,由此增强了民间护水行动的针对性与持续性。这种环境监督网络,对企业排污行为形成了社会压力。同时,这种监督网络不仅来自一般性的社会力量,还来自企业内部。比如,“企业河长”的设置在企业之间能形成相互监督机制,有助于筑牢企业达标排放的防线。众所周知,很多企业以前被视为“污染的制造者”和违法的恶者,而这一机制促使他们转型成为监督者。更重要的是,这种企业间的相互监督机制,对企业偷排行为构成钳制力量,进而在更大的范围内催生了以企督企的环境监督机制。

3. 环境治理的杠杆效应突出

受制于专业技术和治理资源等因素,“民间河长”能够直接开展环境治理的空间有限,但他们通过以下渠道在环境治理中发挥了杠杆效应。

一是撬动环境治理资源。名实兼具型“民间河长”在社会募资方面扮演着日益重要的角色。他们联合企业与商会,搭建筹措治污资金与基金的平台,进而推动治污资金与技术等资源的整合。比如,浙江省工商联引导 1 218 家会员企业参与治水,募捐 14.59 亿元。此外,民营企业家担任周边河道河长后,推动了滨河公园建设和河湖生态修复。[①] 对于治污资金短缺的地区而言,这种募资平台的功能更加重要,甚至具有雪中送炭的意义。

二是提供环境治理的地方智慧与民间知识。有的“民间河长”能够收集和整合公众在日常生产生活实践中形成的河湖保护智慧,为河湖治理方案编制和政策制定提供地方知识。比如,对于企业负责人而言,厂房附近的河道相当于他们的“家河”,他们更清楚其污染源以及久治不愈之根源,能为河道治理提供独特的视角与知识。近年来,不少“民间河长”在河道调研与水治理方面建言献策,有的还通过“两会”以及河长办等

---

① 徐忠友:《浙商争当“五水共治”的先锋》,《情系中华》2014 年第 6 期,http://www.qxzh.zj.cn/art/2014/6/1/art_1228991153_41716891.html。

渠道向地方政府提交河湖治理的提案。因此，地方政府有时会邀请他们参加水污染治理会议，加强对话与信息对接，为环境改善提供方案。

三是推动企业由“致污”转向“治污”。企业是污染治理中的重要利益相关者，环境治理不能割裂其主体责任意识。众所周知，因为利益缘故，有些企业的发家史建立在污染偷排基础之上。时至今日，仍然有不少企业基于环保执法强硬程度决定是否“达标排放”。一般而言，利他行为不易产生，但若能将其利己化，则能促进环境友好型行为的产生。让企业主和“排污大户”按照就近原则担任厂区或园区附近河道的河长，可以增进企业的“生态利益自觉”（陈阿江，2009）意识，有助于他们摆脱“排污”的污名并树立绿色生产的企业形象，从而产生源头治污效应。在二者达成高度契合的背景下，“企业河长”可能实现名实兼具。此时，这有助于构建“以企治水”和“以企治污”机制，推动企业由“污染的制造者”向“污染的治理者”转变（赵继平 等，2017），增进企业清洁生产与环境治理的自觉性，也有助于构建行业自律型社会。这不但要求企业自身加强绿色转型升级，还要求企业之间构建相互制约机制，这种实践在一定程度上推动了绿色供应链的生成。

三、名实分离型“民间河长”

名实分离是一种广泛存在的社会现象，也是学界分析社会问题和阐述行为体行动逻辑时常用的分析性概念（熊万胜，2009；陈国权、陈洁琼，2017）。前节所阐述的“官方河长”的“有名”“有实”的距离矛盾事实上也揭示了河长制在这方面的不足。本研究借此框架，旨在阐释“民间河长”的实际功能距离地方政府文本叙述和媒体叙述都有很大距离，即治水行动的稳定性和持续性很弱的状况。这揭示了象征意义大于实际功能的民间治水图景。

1. 仪式感强但持续性弱

有些“民间河长”治水情景的仪式感很强，相关组织者忙于拉横幅、拍照录像并开展环保宣传活动，但很少关注环境行动的持续性及其对人们的环境意识与环境行为的实际影响。有些新闻话语叙述中呈现的热闹的“民间河长”治水[①]画面，可能是地方政府开展的河长制创新实践的“标配”抑或是媒体渲染的效果。

群团组织具有广泛的社会基础，在社会动员方面具有较强的优势。近年来，群团组织在创新工作实践中推动了“民间河长”的发展。比如，共青团系统倡导实施的“河小青”与“河小二”等产生了较大的社会反响。同时，共青团还与学校和河长制办公室

① 诸如此类的新闻在互联网能够检索到大量信息，此处不赘述。

合作推出了“学生河长”和“红领巾河长”。笔者在浙江省长兴县调研发现，当地“河小青”“河小二”等民间治水活动开展得早，产生了示范效应。不过，随着工作创新点的变化，这种“民间河长”活动趋于淡化。整体而言，类似“民间河长”的社会行动具有很强的仪式性，但常常缺少持续性。这种机制往往随着发起单位工作重心的变化而弱化甚至终止。同时，这一机制究竟推动了何种问题的解决，也有很大的商榷空间。当然，关于这种仪式感，也需要全面的理解。比如，有环保组织认为这种仪式感有其合理性——正是这些治水实践及其仪式感，有效地增加了环境保护的分母（访谈编号：20200820NJ-LN）。

2. 象征性强但实践性弱

很多地方积极探索民间治水机制，并且塑造了不少典型的“民间河长”。应该说，这些探索与实践具有很高的社会价值和很强的社会意义。但仔细剖析往往发现，有些民间治水机制存在着象征性强而实践性弱的问题。

近年来，不少环保组织都推出了“小河长护水计划”。比如，莫愁协会实施的“小河长”（青少年）项目包括两项议题：一是聚焦感官指标，引导“小河长”观察水体颜色，识别水体悬浮物等；二是让他们在100米河段范围内开展巡河活动，寻找河岸排污口，并在专业人员指导下开展水质监测。此举是选聘中小学生担任河长，引导青少年参与护水和治水行动。这对于学生的环境启蒙和环境教育具有重要意义，此外，这还可以影响到他们所在家庭的环境意识与环境行为。就其功能而言，可谓“益在未来”。此外，有些地方的“洋河长”引起了媒体报道的兴趣。地方政府动员他们加盟旨在调动治水与护水的社会氛围，并通过他们向外讲述社会变迁与环境治理的中国故事。但是，“洋河长”数量很少，其价值更多地体现为氛围营造、舆论造势以及环境传播等方面。

社会学家对激活沿河居民的主体责任意识具有很浓的情怀：只有充分调动他们的力量，才能为河湖治理提供坚实的社会基础。这种理论表达和价值倡导已为各级政府所关注，并反映到政策文本与地方实践中。近年来，有些地方推出的村民自治型“民间河长”可看作是对此的响应。比如，上海市崇明区鉴于村级河道数量庞大（约占全区河道总量的95.4%），但水体质量较差且成为治理短板的客观情况，推出了村级河道“村民自治”的治理方案。在此框架下，泯沟养护相对责任人和村委会签订“包卫生、包绿化、包秩序”的养护责任承诺书，考核合格的泯沟养护相对责任人可获得奖补资金。[①]还有一些地方开展了村民担任“河道长”和“河道管家”的探索，并在村内竖起了河道自

① 资料来源于《崇明区村级河道村民自治简介》（内部资料，上海市河长办2019年6月提供）。

治管理公示牌[①]。综观各地河长办宣传资讯和媒体报道文本，这些“民间河长”出镜率颇高。笔者经过近距离的观察发现，通过责任包干和任务包干，他们在维护河道的卫生清洁方面发挥了积极功能，但其功能往往也限于河道保洁。还有一些地方实施了“巾帼河长”与“美丽河嫂”，这是由妇联组织所倡导的。不过，这些“民间河长”多数是村（居）委会妇女主任以及女大学生村官，普通村（居）民不多。这意味着，上述“民间河长”尚未承载起让沿河居民发挥环保主体责任的功能。

3. 需求性高但功能层次低

随着社会发展和社会分化，中国“强政府、弱社会”格局发生了深刻变化，但社会发育还存在明显的不足。当前，地方政府认可“民间河长”价值，但后者常常仍然缺乏和地方政府以及“官方河长”之间的制度化的沟通机制与对话平台。能够实现这一目标者，往往是地方河长办或有影响力的环保组织推动的结果。整体上看，当前的治水机制与环境治理体系现代化的要求与需求都还有很大距离。

这一现象的背后存在结构性诱因。在治水实践中，虽然“民间河长”的自由度明显提升，但地方政府往往没有将其视作协同治污的伙伴，更多地将其视为地方治污的服务者。有研究指出，在环境合作治理中，政府最愿意与社会分享的权力是服务权，次之为监管权，最后是决策权（堵琴囡，2019）。当前，河长制框架下的政社合作的深度依然相当有限。例如，“一河一策”等治水方案编制常常以“专家权威”代替“公共意志”，并没有征求公众意见（李波 等，2018），“民间河长”在此也未能发挥桥梁与纽带作用。事实上，决策系统往往是封闭或半封闭的，受权力结构、环境治理的路径依赖等结构性因素的制约，“民间河长”很难翻越这一栅栏。

政府购买服务机制的异化是这一问题的又一体现。地方政府通过向“民间河长”购买服务，推动了水环境治理，但也还存在不少问题。虽然地方政府购买的服务日趋增多，实践中却出现了政社合作由“政府购买环境治理服务逐渐扩展到政府向社会组织转移职能”（田家华 等，2018）的现象。由此，“民间河长”成为有些地方政府转移任务清单的对象，从而使得政府购买服务的机制出现了异化。根据对行政吸纳社会（康晓光 等，2005）解释框架的反思，唐文玉（2010）提出了行政吸纳服务这一概念。其中，吸纳指的是“政府通过支持社会组织的发展”，并使之成为“政府公共服务的帮手”；同时它意味着社会组织与政府之间并非平等的关系，而是“依附性的合作关系”。在这种格局下，有些“民间河长”以及竞标的相关社会组织陷入了独立性不足的困境。更有甚者，有些地方治水目标的“社会化”演变为了“市场化”（陈锋 等，2020），即有关环保组织

① 资料来源于2019年5月27日田野调查资料。

等利益主体忙于追求治水市场中大额项目，治水目标本身变得次要或沦为附属品。此外，河流治理虽然存在以政府购买服务为主的市场化推动，但“定向购买”等问题同样十分突出(田家华 等，2018)。这种缺少充分竞争与平等竞价现象，是竞标市场不成熟与不规范的表现，也反映了“民间河长”实践中的困境。凡此种种，都制约了其环保功能的发挥。

四、名实之别的结构化要件

当前，“民间河长”治水形式多样，但也存在着持续性不足、专业化不够等问题。有的“民间河长”早期治水行动有声有色，后期则陷入名存实亡的境地。这一现象的背后，既与社会的发育不足有关，也与环境治理中行政权力扩张之因素相关。笔者概括了名实兼具和名实分离两种理想类型，多数“民间河长”位居两种理想类型或极端类型之间。这些差异尽管是多方面因素作用的结果，但其背后也存在共性要素，可将之称作名实之别的结构化要件(图 7-1)。

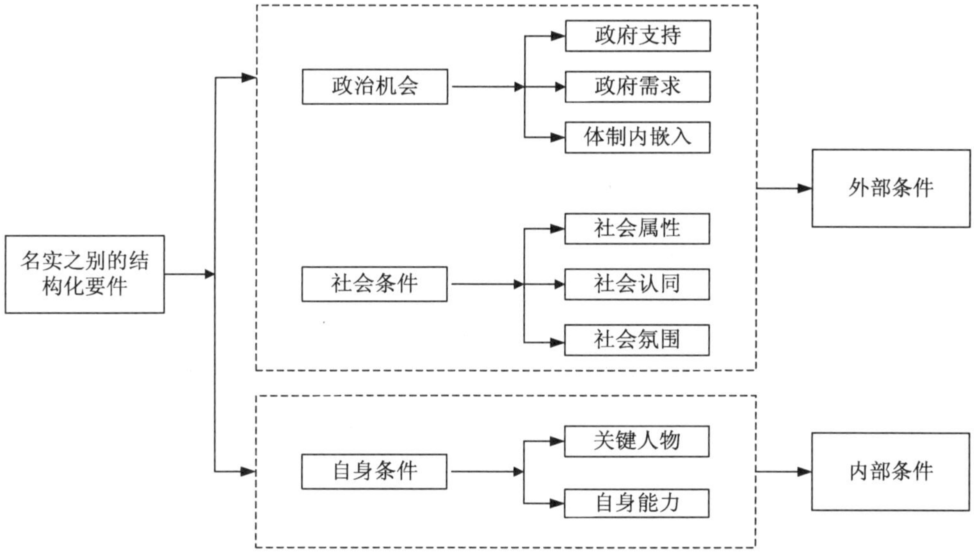

图 7-1　“民间河长”名实之别的结构化要件

1. 政治机会

民间治水无法脱离制度环境。在政府主导型环境治理格局中，民间治水行动空间及其绩效往往依赖于政治机会的供给。具体而言，政府支持、政府需求以及“民间河长”的体制内嵌入程度影响了民间治水机制的名实分野。

首先,政府支持。这是民间治水行动获得合法性的重要基础。在河长制实施之前,公众就致力于河湖监督,但常常遭遇投诉无门或者投诉无用困境。而在河长制框架下特别是倡导“民间河长”后,公众的护水行动变得名正言顺,甚或成为地方政府的一项必需品。同时,他们具有了与政府对话以及解决河湖问题的渠道。比如,借助“民间河长”身份,黔仁生态(NGO)与属地河长办等职能部门建立了“志愿者发现问题—职能部门解决问题”的良性互动机制,这既避免了以前对抗性的政社互动,也提高了河流治理的效率(王吉勇,2019)。但是,也有一些地方对“民间河长”的认同停留于政策文本,实质性的政策支持还很有限。

其次,政府需求。有的地方具有生态利益自觉意识(陈阿江,2009),或者环境污染诱发的强大问责压力倒逼地方政府寻求“第三只眼”维护河湖环境。这种迫切需求会释放更多的社会治水资源与行动空间,亦可能更多地为“民间河长”赋权。但需要看到,有的地方政府塑造的“民间河长”具有装饰性色彩。有的地方借助河长制平台,积极宣传社会力量治水的事迹,但其推出的“民间河长”旨在满足政府创新的形式需求或上级考核要求。比如,水利部和生态环境部联合开展的河长制第三方评估就看重公众参与方面的机制创新,因此,各地纷纷塑造了不同类型的“民间河长”,显然,这构建了看起来蓬勃的社会参与景象或者繁荣的公众参与面向。相应地,如果机制设立的出发点旨在完成指标化的考核任务,这一治水机制必然无法得到实质性和稳定性的运转。

第三,体制内嵌入程度。中国现代意义上的环境保护,从其肇始以来就是由政府主导的。同时,环境治理涉及错综复杂的利益关系调试和矛盾调解,“民间河长”无法孤立地解决环境问题,对行政体制需要有所嵌入。在很大程度上,当前的社会发育状况决定了民间治水绩效受制于其在体制内的嵌入程度。嵌入程度不同,意味着其与地方政府的合作深度有别,这也意味着其从地方政府那里获取资源的平台与能力存在显著差异。综观当前的民间治水实践,体制内嵌入程度与“民间河长”名实相符程度存在着密切关联。

2. 社会条件

首先,“民间河长”的社会属性是影响其功能发挥的重要因素。有些“民间河长”是行政动员框架下的产物,内生属性不强。如果仅仅依赖地方政府塑造,社会性力量没有应有的发育,那么,所谓的“民间河长”可能是名实分离的。特别是,随着政府注意力的改变或工作创新点的变化,这种“民间河长”往往都难逃名存实亡的厄运。比如,对于“企业河长”而言,如果仅是因应地方政府需求而被动地组建起来,那么,可能难以发挥预期的功能。反之,如果企业基于环保与经济一体化的需求,具有体现企业社会责任的内生动能,那么,有可能走向名实兼具。“专家河长”具有同样的逻辑理路。有些地方与高校和科研院所开展合作，聘请从事水污染防治和公共管理等领域的研究人员担任“专家河长”，为河湖治理提供专业咨询。在某种程度上，这具有政府购买服务属性。这往往以产学研合作为基础，地方政府不直接支付货币。在此框架内，“专家河长”为河湖治理提供智识，地方政府则为他们的科学研究提供支持。如果“专家河长”提供了专利和技术，地方政府需要再行购买。在这方面，如果只是因应地方政府和专家所在单位的需求而组建，仅仅基于任务逻辑开展例行巡河或仪式性地在媒体镜头下扮演智库角色，那么，注定会成为环境治理实践中的“盆景”。

其次，社会认同。这是“民间河长”存续逻辑的重要组成部分。如果某个地方对社会治污需求高，“民间河长”及其治水行动赢得了社会认同，那么，民间治水行动就容易获得社会支持，更容易开展社会动员，并由此容易产生资源集聚效应，甚至影响地方环保政策走向。相应地，其名实兼具的可能性越大。反之，如果某地对民间治水的认同度很低，那么，“民间河长”的运行就会缺少社会基础，这一自组织也将难以持久运行。

最后，社会氛围。一个地方的社会自组织传统和民间自组织的能力，会在很大程度上影响“民间河长”的成长和发展前景。此外，这种社会自组织传统和能力，还会产生环境保护的文化性力量，进而影响到“民间河长”运行的社会网络与社会资本。简而言之，环境保护的社会氛围会影响到地方社会对环境保护的立场与态度，这是“民间河长”运行的重要社会环境。

3. “民间河长”自身状况

一方面，“民间河长”是由人群组成的，其内部存在组织架构，其中，精英对于这支队伍的塑造和发展走向影响深远。精英是民间治水网络结构中的关键人物，其专业素养、权威以及构建行动网络的能力，与普通成员显著不同。如若“民间河长”由具有社会动员能力、资源链接能力和社会影响能力的人牵头，那么，其稳定性和可持续性都会比较强，这支民间治水力量亦能沿着名实兼具的方向发展。反之，如果民间治水队伍只是零散地组装起来，缺乏这种精英，那么，松散型的民间治水力量往往难以为继，即使早期工作开展得有声有色，能够引起媒体的关注，但过段时间也可能只剩下概念或名称。

另一方面，民间治水绩效不是社会责任感所能决定的，行动者必须具备相应的能力。这不仅影响到其治水效果，还影响到其能获得的资源。必要的资源是民间治水力量持续发展的基础。有的民间治水力量从地方政府那里获取的资源有限，但市场开拓能力强，能从企业和基金会等处筹集资源，并借此产生广泛的社会影响。相比之下，诸如“塘大爷”“池大妈”等民间治水力量的资源获取能力有限，往往只能被动地因应基层政府要求开展能力范围内的工作。

第八章 结语

近60年前，卡森（Rachel Carson）在《寂静的春天》中用"死亡的河流"形容工业化后的河流变化。她指出，如果我们听任河流变成死亡之水，那无疑是无条件屈从的失败主义。为此，她呼吁动员一切资源开发切实可行的应对举措（卡森，2014：120-121）。纵观人类工业化以来的河流演变历史，这种"死亡"的形容并不为过。在中国，淮河曾被称作"死亡的河流"，渤海曾被称作"死海"。在环境问题没有受到真正关切的时候，人类对环境前景的感受曾呈现出灰色甚至绝望的状态。在这一时期，环境作品和学术思潮都呈现出了这种色调。面对这种现代性困境，人类通过各种方式加以应对，其中，中国水乡地区探索出来的河长制是一种富有中国特色的治水制度。河长制的创新扩散过程反映了环境治理势能趋于增强的基本规律。它不是单纯的责任制，而是责任包干制和压力传导制的复合体。为推动水环境长治久清，必须优化环境治理结构，激活社会力量，构建有效的"吾水共治"机制。

第一节
环境治理势能与河长制的创新扩散

河长制源自水乡地区的探索与实践，经历了“环卫工人责任制→部门领导负责制→行政首长负责制→党政‘一把手’负责制”的演变历程。作为一项制度，其创新扩散经历了地域扩散、全国推广以及治理机制泛化的过程，这一社会过程取决于国家环境治理方面的压力传导程度、地方政府面临的社会矛盾状况、公众关于环境质量的需求程度，等等。作为地方试验，河长制上升为国家政策是中国环保改革进程中的一项特色，而环境领域的地方试验被吸纳为国家政策的还非常少见。河长制的创新扩散，需要放置在国家环境治理的历史进程中加以分析，其创新扩散进程事实上反映了环境治理势能或政治气候增强的基本趋势。

首先，河长制是倒逼机制作用下的一项“创新动作”。水污染治理是一项“老大难”问题。自20世纪70年代开始，国家就开始推动水污染治理，出台了一系列法律法规和制度规范。同时，环保系统刮起了包括太湖“零点行动”在内的环保风暴，但也都没有取得实质性绩效。大量水污染防治目标责任书流于形式，巨额治污资金投入不见成效，公众饱受水污染之苦。由此，水污染形势愈演愈烈甚至出现“有河皆污”现象。比如，《无锡市志》用“急剧下降”和“大幅下降”形容20世纪80年代以来的水环境恶化态势：从20世纪80年代开始，无锡河湖水质急剧恶化。到了90年代，内河河网水质指标大幅下降，城区河道出现长时期黑臭现象。2005年，全市112个地面水水质监测断面的实测数据表明，主要水域符合Ⅱ类和Ⅲ类水标准的断面仅占监测断面的5.4%，而劣于Ⅴ类水的则占79.5%（无锡市地方志编纂委员会，2015：170－171）。随着经济社会发展，人们开始超越物质主义价值观的局限性，对生活质量和发展的意义有了更高的追求。特别是，随着环保从紧与问责从严的压力的上升，水乡地区积极探索治污新机制，逐渐形成了河长制这一非常规治理机制。这是地方政府在应对缺水社会的环境挑战、自上而下的考核压力、水污染治理的体制机制障碍以及开发利用社会治理中地方知识的过程中产生的。这一地方试验具有不变体制变机制的属性，即当环境治理体制机制不畅而来自各方压力不断上升时，地方政府基于不变体制的原则创新治水机制，由地方领导干部承包治污责任，实行责任机制（明确治水责任）、约束与问责机制以及激励机制（设置考核奖励指标以及可能的晋升前景）。简而言之，这是外部压力和内部需求框架下的一项机制创新，是渐进式的制度革新。实践证明，以“首长负责、部门共治”为特征的河长制，在当时成为破解“多头治水”集体行动困局的有力抓手。前文对河长制的治理绩效有比较多的着墨，需要指出的是，这种绩效分析不能脱离特定的时间尺度。在其肇始阶段，河长制在调整治污的权力结构、重塑环境治理秩序和扭转企业肆意排污局面等方面产生了实质性影响。

其次，河长制在内外驱动因素作用下成为地方政府的一项“自选动作”。面对日趋严峻的水污染形势，地方政府不仅普遍背负着骂名，还遭到了日趋增多的双重压力，一是自上而下的问责压力，二是自下而上的环境抗争和舆论压力。一方面，中央政府对环保注意力分配的增加以及高层对河长制的关注，为这一治水机制的地域扩散提供了重要的政治机会，并为河长制的自主扩散提供了重要的“窗口期”。2006 年，中央组织部印发《体现科学发展观要求的地方党政领导班子和领导干部综合考核评价试行办法》，设置了 12 个评价要点，其中，“发展速度，发展质量，发展代价”[①]是要点。同时，环保指标被列入领导干部评价体系。2007 年，党的十七大报告提出“完善体现科学发展观和正确政绩观要求的干部考核评价体系”，环保考核与问责的风向标日益清晰化。这为环境治理提供了政治气候，亦是河长制地域扩散的重要诱因。这事实上反映了政治激励在中国国家治理中的特殊性：“晋升激励是中国地方官员治理和政府治理的主线”，一旦某项事务“到了非治理不可的地步，中央就会把它的治理状况纳入地方政府的绩效考核范围，与政治晋升挂钩”（周黎安，2017：338）。此外，地方官员在政治学习活动中对河长制的接触以及权威媒体对河长制的正面建构，使其获得了更多的社会关注。另一方面，随着互联网的快速发展，公众的环境关心水平不但显著上升，而且具备了越来越多样化的环境关心平台与利益博弈能力，政企双方都无法再像以前那样简单地屏蔽民众的利益诉求。同时，社会通过结社的方式应对水污染，比如，社会组织通过绘制并向社会发布“中国水污染地图”。此外，环境问题燃点呈现出不断降低的特点，地方政府陷入疲于应付的状态。而就发展模式而言，越来越多的地方具备了落后产能淘汰和产业转型升级的经济基础与环保意愿。因此，在水污染治理失灵“何以解忧”的苦苦追寻中，已经付诸实践并且产生示范效应的河长制进入其他地方政府的视野。由此，河长制尽管遭遇了“职非法定”方面的争议，但它以可操作性强以及治污效率高等

① 参见中央组织部《体现科学发展观要求的地方党政领导班子和领导干部综合考核评价试行办法》。

优势，呈现出了星火燎原般的扩散态势。

再次，河长制在国家应对环保焦虑、空前重视环境治理和吸纳地方治污经验的时代背景下成为一项“规定动作”。中华人民共和国成立后，国家在努力进行现代化建设，随着环境危机的暴露，积极开展环境治理。在20世纪70年代中期，国家就开始设置环境治理的控制性目标，但屡屡未能实现，由此出现了环保焦虑。环保焦虑最初是政治精英的焦虑，是基于对西方环境灾难的认知以及对中国环境前景的担忧而引发的。而后，中国的环境危机引起了污染受害者的焦虑和学术社区的焦虑，最终演变为国家的整体性焦虑。从20世纪70年代中期到2016年这段长达四十余年的历史中，国家环境治理的目标蓝图呈现出“提出五年治愈（或遏制环境恶化）目标→绩效溃败→再提五年控制性目标→绩效溃败……”的周期性循环特征。这种治理溃败使得国家的环保焦虑呈现出由表及里和由弱到强的演变特征。在此期间，环境问题的社会撕裂效应日趋显化。环境问题甚至超越了传统意义上的贫富差距，成为撕裂社会的无形之手。比如，环境问题将社会分化为不同的社会集团，“政企合谋”的标签让地方政府失去公信力，加剧了社会矛盾甚至政治矛盾。在此背景下，国家必须深度响应社会性和系统性的“环保渴望”，由此，“让人民群众喝上干净的水”成为一项庄严的政治承诺和政治宣誓。2012年后，环境问题成为全面建成小康社会和实现民族伟大复兴中必须要解决的重大挑战。如果这一挑战不能有效化解，势必影响国家战略目标的实现。相比改革开放初期的“中央政府对于经济增长的政治需求超过其他各类需求”而言，在这一时期，“污染治理所代表的强大社会改造能力和公共服务精神成为执政合法性的基础”（余敏江，2019：190）。党的十八大将生态文明建设列为“五位一体”总体布局，国家大力推动生态文明体制机制改革，在考核机制层面从“督企”向“督企”与“督政”并重转变，强调“党政同责”“一岗双责”以及“终身问责制”。此外，国家重新定义社会主要矛盾，将生态安全纳入国家安全范畴，这是一项根本性、制度化的变革。正是在这种整体性势能以及治国理政中强调“关键少数”的结构下，环境治理从“边缘位置”步入“中心工作”，河长制成为调动各方资源的关键抓手以及推动水污染治理的重要制度。换句话说，河长制是在国家应对环保焦虑以及吸纳地方环境治理经验的进程中上升为国家政策的，这与环境治理供给侧发生的结构性变化密切相关。由此，河长制由早期的“创新动作”和“自选动作”演变为“规定动作”。其实，这种“机制创新→制度调适与经验总结→制度全覆盖”的创新扩散轨迹，是中国自下而上型地方试验的常见的演变逻辑。

最后，河长制在地方竞赛科目发生变化和“以官治理”逻辑下成为一项“模仿动作”。治理机制泛化效应是多重因素诱发的，而这两项是主要的驱动机制。近年来，地方政府对生态文明建设的响应呈现出竞争性作为的特点，这是基于高质量发展诉求而掀起的新型竞争。这意味着，地方政府在环境治理方面不仅面临着问责性压力，还面临着竞争性压力，因而，地方政府常常集思广益，开展了很多竞争性作为，这在一定程度上助推了“长制”治理模式的流行。很多地方在探索新“长制”后都力图获得国家的制度认同与全面推广。其中，林长制已经成功地脱颖而出，于 2021 年 1 月成为一项国家政策。此外，湾长制试点过程中亦正在力求获得国家的制度认同，进而“走向全国”。此外，随着国家治理中对“关键少数”的强调，“地方各级党政主要领导是本辖区环保第一责任人”的政策规定，以及环保督查和问责风暴的刮起，使得“以官治理”逻辑进一步凸显，这些与地方政府的政绩增长诉求巧妙地走到了一起，无形之中催生了各种“长制”的问世。近年来，“以官治理”逻辑呈现出不断强化的趋势。所谓“以官治理”，即以责任制与问责制为纽带构建地方党政主要负责人的行动机制，进而推动相关突出问题的解决。这种治理逻辑具有如下特征：一是以权力中心特别是党政系统中主要领导挂帅为显著特色，二是它意味着资源投入和资源分布的再调整。这种现象在 1949 年后的中国历史上常常以领导小组的形式塑造政府治理格局。当然，中国也出现过“菜篮子”市长负责制和“米袋子”省长负责制。需要说明的是，在政府治理实践中，治理机制泛化是一项“稳定的存在”，在产生治理绩效和受到高层推介后，几乎无一例外地都会引起模仿效应。这说明，相较于西方的创新扩散理论，中国的创新扩散实践具有本土特色，而这亦是政策创新扩散走势的一个基本面向。基于问题导向逻辑，“长制”能够克服官僚惰性，进而高效率地推动问题解决。但需要指出的是，如果同时实施多种“长制”，基层官员也会根据“长制”发起者的科层位置及其重要性而有选择地执行，也可能存在表面执行以及“以文件落实文件”“以会议落实会议”等形式主义问题，最终无法达到预期目标。在社会治理方面，地方政府需要集思广益和创新思路，更需要增强“想象力”，不宜沉迷于“长制”概念的发明。

第二节
责任包干制与压力传导机制

中华人民共和国成立70多年来的治水实践大体上由两部分构成，一是延续历史上居于“治水政治”核心位置的洪涝灾害治理，二是水污染治理和水生态修复。其中，后者的重要性和紧迫性呈现出显著上升的趋势。面对严峻的水污染，中央和地方政府启动了一系列的治水行动，但很多都以失败而告终。当然，早期的治水政策虽然没有遏制水污染的持续恶化，但对于减缓恶化速度还是发挥了重要作用。如果没有这些政策和治理实践，水污染形势无疑会更加难以想象。就治水而言，河长制是经由地方探索而产生的治水方略，它显著区别于西方的环境治理。学界从行政发包和责任落实角度，认为河长制是一种责任制。确实，在河长制肇始阶段，它是一项责任制。但在实际运行过程中，它并不是单纯的责任制，而是责任包干制与压力传导机制的复合体。其中，责任包干是中国政府治理中的一种广泛存在的现象。就压力传导而言，河长制将治水成效与地方官员的职业生涯和政治前途进行挂钩，这显著地改变了“委托-代理”关系中地方政府的行动逻辑。

媒体报道和部分研究文献常常认为，河长制实现了河道从“没人管”到“有人管”的转型。其实，这是一项错误的论断，河道污染管不住或者管理混乱，并不意味着“没人管”。在河长制出台之前，法律已经作出了地方政府对辖区内的环境质量负责的规定。比如，1989年颁布的《中华人民共和国环境保护法》就对此作了明确规定，因此，地方政府的环境保护责任是清晰的。但是，由于缺少严格的政绩考核与厉行问责等制度支撑，这种责任制被悬置。而河长制通过政治责任承包和压力传导机制落实了这种治污责任，这是中国特色的“治污承包制”。周黎安（2017：338）认为，相比西方国家高度依赖行政监管和司法治污格局而言，中国的“行政激励”和“问责制”独具特色，其核心环节是地方政府与企业负责人，通过层层施压，以“乌纱帽”作抵押（很多企业负责人拥有行政级别）。在很大程度上，这是中国环境治理态势发生根本改观的前置条件。韩天博（2018：165）认为，建立在干部身份基础上的责任制（将干部考核纳入）与“以行政管理体系为主”的责任制大相径庭。可以说，前者更有效地驱动着责任制的“落地生根”。具体而言，河长制主要解决了两个问题：一是解决了责任不清晰问题，二是将抽象的责任具体化，将河流治理责任具体到人。其实，河长制这一概念本身就反映了它具有的责任承包特征。在治水实践中，通过“一把手工程”和高位推动，河长制使得责任分担和责任落实的管理机制得以落地。同时，通过治水绩效的目标考核以及问责机制的引入，地方政府治水的责任机制得以落实。而这恰恰说明，河长制不是纯粹的责任制，而是责任制与压力传导制的耦合。

需要说明的是，河长制与“领导小组”机制都强调主要领导挂帅，都具有政治任务性质和“中心工作”属性，但仍存在着本质性区别。“领导小组”机制往往针对特定的任务而展开，具有特定的运行时间，特定任务完成后会自动消解。与此不同，河长制则呈现出制度化和稳定性特征。此外，“领导小组”机制具有间歇性和反复性，如果某项问题“死灰复燃”，待问题严峻后会再次甚至多次成立“领导小组”。相比之下，写入法律的河长制则强调一以贯之地运用这一制度解决河湖问题。

第三节
河长治水与资源再分配

环境治理需要相应的资源投入。治理资源既包括有形的物质资源，也包括无形的非物质资源。其中，前者包括财力、信息、技术以及官僚制本身的组织结构及其人力资源；后者包括民众对政府的信任、治理主体间的共识以及治理区域的社会资本等（欧阳静，2018：5）。其中，共识是一种非常重要的治理资源。何种问题具有意义及其能否在政府系统达成共识非常重要，而达成共识往往都是利益博弈的结果。“如果在一个多元的治理主体结构中，各个治理主体间各自为政、无共同利益基础，无法达成共识与合作，那么这一结构将呈现出较弱的治理能力”（欧阳静，2018：7-8）。在过去很长一段历史时期内，水污染治理并没有达成实质性共识；或者说在政策和理念层面达成共识，但实践层面并没有共识，相关治理主体缺乏协同治污的动能。

不仅如此，水污染治理所分配到的资源一度非常有限，地方政府将主要资源分配于经济建设，其后还有大量的民生建设事项。因此，地方政府的河湖治理曾经具有明显的“事件-应急”型特征（陈涛，2011）：每当出现重大水污染事件后，地方政府才会掀起“铁腕治污”，但“一阵风”过去之后又可能回归既有状态。此外，在“环保不下河、水利不上岸”的格局下，水污染治理曾主要是水利部门牵头负责。水利部门和其他政府部门是平行单位，但其话语权相对不足，资源整合能力与资源调动能力也比较有限。而实施河长制后，党政主要领导负责牵头解决水问题成为一项“常规动作”和政治任务。由此，河长制成为治理资源的黏合剂，这不仅意味着地方政府在涉水事务方面注意力的增加、合作资源分配的增加（“下好一盘棋”），还意味着涉水事务部门资源汲取能力的增强。同时，相关工作以河长办而不再以水利部门名义发文。这意味着河湖治理是政府行为，而不再仅仅是水利部门的事情。在此基础上，地方河长办还致力于工作机制的创新，以进一步调动资源。比如，上海市各级河长办以《致总河长的一封信》的方式，提醒河长关心和关注水问题。再比如，很多地方每年年初都要发布“总河长一号令”，将河长制作为“牛鼻子”，解决了涉水的一揽子问题。这事实上反映了河长制框架下的资源再分配逻辑。

在资源再分配逻辑下，涉水事务进入地方党委和政府的“中心工作”，成为常态性和制度化工作以及需要解决的优先事务。为达成此项目标，各地通过不同方式强调涉水事务的重要性。2019年5月下旬，笔者在东部某城区的调研发现，当地通过考试的方式让河长“红红脸”“出出汗”，并据此推动河长制从“有名”向“有实”迈进。

我们的区委书记是全区“第一总河长”，为了让河长制“有实”，他经常担任主考官给乡镇（街道）河长考试。考试地点设在水务局，考试不搞笔试，而是面试，涉及各位河长所负责的“责任河”的基本情况、污染源及其治理方案等。早期考试主要偏重河湖的基础信息，后来开始涉及河湖治理的困境以及机制创新设想等深层次问题。我们开玩笑地说，这是我们书记以前有过当教师的经历，喜欢考试使然。

为了通过区委书记的考试，很多河长在考试之前都要“押题”，但经常押不中。比如，2018年12月份考试的时候，NQ镇总河长（镇党委书记）回答问题的时候不是很理想，有些磕磕巴巴。我们的“第一总河长”就打断他说，“你下去吧，你的问题我知道了！”在众目睽睽之下，该镇总河长显得非常尴尬，也让在座的河长感受到了强烈的压力。通过这种常态化的考试，河长们明确了职责与任务，进而不断加强河流污染源、周边社区以及治理方案的调研，这对于推动河湖治理产生了积极效果。（访谈编号：20190528FX-WLC）

与此同时，在总体资源稳定化和资源分配方向多样性的情况下，对某项事务的资源分配的增加意味着对其他治理资源的挤占，甚至会产生“挤出效应”。当地方政府加大对涉水事务及其主管职能部门资源投入力度时，其他事务获取的资源份额需要相应地核减。比如，有的地方“财政年收入不足15亿元，治水年预算却超过了15亿元”，出现了“不惜代价治水”现象（沈满洪，2018）。另外，即使在河长治水内部，也存在资源分配的不均衡性：“明星河湖”能获得大量的资源投入。比如，主要领导挂钩的河湖，不仅投入了大量治污资源，而且常常被打造为景观，呈现出“一河一景”甚至“一河四景”景象。其中，前者意味着一条河流按照一种景色进行打造，配套一种主要色系的花或其他植被；后者意味着一条河流按照春、夏、秋、冬四季，分别种植不同的植被或花系。这体现了河湖治理的“绣花功夫”，但若从治污的整体性需求来看，也需要予以反思。同时，如若这些“明星河湖”、主要领导关照的“样板河湖”获得重复投入和过量投入，也会造成资源浪费。此外，短期内高强度的资源投入虽然能看到立竿见影的效果，但是否具有持续性则需要时间的检验。因此，河长治水的资源总盘子要做科学分配。

第四节
迈向“吾水共治”

河长制实施后，各地纷纷围绕“剿黑”（剿灭黑臭水体）和“剿劣”（剿灭劣Ⅴ类水体）开展“比学赶超”。由此，企业肆意排污和河道两岸“违建”等长期解决不了的问题得到了解决，水质出现了明显改善，公众的环境获得感日益强烈。在此背景下，公众对地方政府治水信心得以重拾，同时增强了治污监督的社会意愿。其意义不止于水污染治理，还能够弥合公众对地方政府的信任赤字以及重塑地方政府的形象。上海市青浦区河长办认为，公众通过手机就能随时就水污染问题拍照取证，能够便捷地通过手机APP反映污染问题。由于涉及满意度测评，凡是投诉到12345平台（上海政务服务“总客服”）的信息，相关部门必须限期整改并且及时向投诉人进行信息反馈。因此，公众看到了河长治水的希望，愿意参加河道监督和管理，由此，拨打投诉电话的民众显著增加。在此背景下，公众对河长制有了依赖，还有一些群众通过河长制构建关联式诉求解决路径。这是因为公众发现水问题是焦点，曝光度高，因此，出现了河长制搭车效应。这表现为有些人开始借“水”发挥，借助河长巡河契机表达自身在其他方面的利益诉求，以期解决自己的问题。（访谈编号：20190527QP-SNN）

当前，中国水污染治理仍面临着艰巨的任务，存在着“不充分”和“不平衡”问题。其中，在水环境欠账多的地区，水污染治理存在“不充分”问题，距离群众的期待还有很大距离。而实现水质改观的地区，则面临着如何保持“可持续性”的压力。此外，很多地方都存在着水污染反弹和反复治理矛盾，“反复治、治反复”怪圈仍未打破。因此，如何把握水污染治理的基本规律，开展科学有序的环境治理显得十分重要。而从区域结构来看，水污染治理存在比较突出的“不平衡”问题，水污染治理的资金投入以及基础设施建设等方面，还存在着明显的分化。

河长制在水污染的“治乱”和“治病”方面具有重要功能，但在“治根”方面尚需寻求良策。换句话说，河长制并不是实现“河长治”的充分条件。健全河长制框架，不仅需要推动各级河长从“有名”迈向“有实”和“有效”，还必须激活公众力量，让沿河（湖）居民、企业以及社会组织成为环境治理的主体力量。但目前,政策设计中的“河长牵头、部门协调联动、社会各方共同参与治水管水护水”的社会机制尚未健全,政社和政企互补效应尚不明显。当下,需要按照环境治理体系现代化的要求,构建“吾水共治”的治理框架。必须说明的是,“吾水共治”(Our Water,Our Actions)是民间环保组织“绿色浙江”根据浙江省的“五水共治”实践中提炼出的一个命题[①]。这一命题具有重要的现实意义,揭示了环境治理的规律性内涵。作为一项重要的公共物品,环境治理自然离不开政府的资源投入,但是,环境善治也离不开其他利益相关者尤其是公众的主体性功能的发挥。

明代“水利泰斗”潘季驯(1521—1595)有言:“治河者,必无一劳永逸之功,惟有救偏补弊之策。”这是针对水利工程而言的,现代水污染治理同样无一劳永逸之功,必须建立长效机制。在某种程度上,河长制治理效能的“天花板效应”已经初步呈现,后续主要是长效治理与日常维护。同时,如果没有企业、社会组织和公众等利益主体的积极参与,“官方河长”虽能在短期内彰显治水效率,但存在着短期性甚至脆弱性风险。在中国的环境治理实践中,需要抓住“关键少数”,但更不能忽略“关键多数”,构建有效的“吾水共治”机制在此意义重大。

优化环境治理结构和构建现代环境治理体系,是提升环境治理效能的基础。就治水而言,需要推动水治理的社会化,建立健全社会治水机制。在社会氛围营造方面,需要优化社会动员结构,让更多的社会力量参与到治水行动中。为此,需要按照现代环境治理体系要求,加强政策引导,营造“人人爱水”“人人护水”的社会氛围,让民间护水行动成为文化的一部分,成为公众日常生活的组成部分。同时,要多措并举地为“民间河长”赋能,持续加强能力建设,提升他们治水与护水的专业性。就制度设计与程序操作而言,需要搭建政社协同与政社对话平台与渠道。当期,需要健全协商化与民主化的对话平台和协同治理框架,构筑“官方河长”与“民间河长”之间的制度化的对话机制和协商机制。此外,要让“民间河长”有条件参与决策咨询,促进决策系统能够更好地吸收公众意见及其治水智慧。为此,需要创新体制机制,让公众具有参与环境决策、政策实施以及绩效评估的平台。最后,要推动“民间河长”治水活动的持续性与制度化,提升“民间河长”机制的治理效能,为“河长治”局面的生成提供基础。当前,中国正在大力推动环境治理体系和治理能力现代化建设,优化公众参与结构,建立健全“民间河长”治水机制,可望为公众参与中结构性矛盾的破解和现代环境治理体系构建提供重要抓手。

---

① 王帆:《“吾水共治” 文晖街道居民出谋划策》,杭州网 2014 年 2 月 21 日,https://county.hangzhou.com.cn/content/2014-02/21/content_5169805.htm,访问日期:2020 年 5 月 7 日。

参考文献

一、中文文献

埃弗里特·罗吉斯、拉伯尔·伯德格，1988，《乡村社会变迁》，王晓毅、王地宁译，杭州：浙江人民出版社。

安东尼·吉登斯，2000，《现代性的后果》，田禾译，南京：译林出版社。

安·弗洛里妮、赖海榕、陈业灵，2013，《中国实验：从地方创新到全国改革》，冯瑾、张志超译，北京：中央编译出版社。

包国宪、孙斐，2011，《演化范式下中国地方政府创新可持续性研究》，《公共管理学报》第1期。

保罗·C·莱特，2004，《持续创新：打造自发创新的政府和非营利组织》，张秀琴译，北京：中国人民大学出版社。

本刊评论员，1990，《实行环境保护目标责任制是我国环境管理体制的重大改革（下）》，《环境保护》第6期。

曹新富、周建国，2019，《河长制促进流域良治：何以可能与何以可为》，《江海学刊》第6期。

曹正汉，2011，《中国上下分治的治理体制及其稳定机制》，《社会学研究》第1期。

曹正汉，2014，《统治风险与地方分权——关于中国国家治理的三种理论及其比较》，《社会》第6期。

曹正汉，2017，《中国的集权与分权："风险论"与历史证据》，《社会》第3期。

长兴县民政局、长兴县地名委员会办公室，2017，《长兴县地名志》，北京：中国文史出版社。

《长兴县水利志》编纂委员会，1996，《长兴县水利志》，北京：中国大百科全书出版社。

《长兴县志》编纂委员会，1992，《长兴县志》，上海：上海人民出版社。

长兴县政协，2019，《长兴记忆——圩（下）》，香港：中国国际图书出版社。

常铁军、元帅，2018，《"空间嵌入"与地方政府治理现代化》，《中国行政管理》第9期。

陈阿江，2000，《水域污染的社会学解释——东村个案研究》，《南京师大学报（社会科学版）》第1期。

陈阿江，2008，《论人水和谐》，《河海大学学报（哲学社会科学版）》第4期。

陈阿江，2009，《再论人水和谐——太湖淮河流域生态转型的契机与类型研究》，《江苏社会科学》第4期。

陈阿江，2010，《次生焦虑：太湖流域水污染的社会解读》，北京：中国社会科学出版社。

陈阿江，2013，《"癌症村"内外》，《广西民族大学学报（哲学社会科学版）》第2期。

陈阿江、邢一新，2017，《缺水问题及其社会治理——对三种缺水类型的分析》，《学习与探索》第7期。

陈福民，2014，《五水共治——浙江治水集结号》，北京：中国水利水电出版社。

陈国栋、陈洁琼，2017，《名实分离：双重约束下的地方政府行为策略》，《政治学研究》第4期。

陈家健，2015，《督查机制：科层运动化的实践渠道》，《公共行政评论》第2期。

陈家喜、汪永成，2013，《政绩驱动：地方政府创新的动力分析》，《政治学研究》第4期。

陈景云、许崇涛，2018，《河长制在省（区、市）间扩散的进程与机制转变——基于时间、空间与层级维度的考察》，《环境保护》第 14 期。

陈那波、蔡荣，2017，《“试点”何以失败？——A 市生活垃圾“计量收费”政策试行过程研究》，《社会学研究》第 2 期。

陈思丞，2020，《政府条块差异与纵向创新扩散》，《社会学研究》第 2 期。

陈涛，2011，《“事件—应急”型环境治理范式及其批判》，《华东理工大学学报（社会科学版）》第 4 期。

陈涛，2019，《治理机制泛化——河长制制度再生产的一个分析维度》，《河海大学学报（哲学社会科学版）》第 1 期。

陈涛，2020，《环境治理的社会学研究：进程、议题与前瞻》，《河海大学学报（哲学社会科学版）》第 1 期。

陈涛，2021a，《不变体制变机制——河长制的起源及其发轫机制研究》，《河北学刊》第 6 期。

陈涛，2021b，《名实兼具与名实分离——“民间河长”治水实践的一项分析》，《学习与探索》第 9 期。

陈锋、侯同佳，2020，《政府购买社会服务的悖论——对社会组织参与社区治理的观察》，《文化纵横》第 1 期。

陈雪莲、杨雪冬，2009，《地方政府创新的驱动模式——地方政府干部视角的考察》，《公共管理学报》第 3 期。

陈占江、范晴雯，2020，《被牺牲的“局部”：污染转移的逻辑与后果》，《云南社会科学》第 4 期。

成伯清，2019，《市域社会治理：取向与路径》，《南京社会科学》第 11 期。

程士强，2018，《制度移植何以失败？——以陆村小额信贷组织移植“格莱珉”模式为例》，《社会学研究》第 4 期。

丹・费金，2015，《汤姆斯河：一个美国“癌症村”的故事》，王雯译，上海：上海译文出版社。

狄金华，2019，《改革在途：地方政府的社会治理创新及其扩散》，北京：社会科学文献出版社。

堵琴囡，2019，《环境问题合作治理的政策工具运用偏好与优化——基于 34 份政策文本的内容分析》，《福建行政学院学报》第 6 期。

杜鹏，2020，《一线治理：乡村治理现代化的机制调整与实践基础》，《政治学研究》第 4 期。

洱源县水利电力局，1995，《洱源县水利志》，昆明：云南大学出版社。

洱源县地方志编纂委员会，2018，《洱源县志：1978—2005》，昆明：云南人民出版社。

饭岛伸子，1999，《环境社会学》，包智明译，北京：社会科学文献出版社。

方国华、李肇桀、林泽昕，2018，《河（湖）长制考核》，北京：中国水利水电出版社。

费孝通，1992，《行行重行行——乡镇发展论述》，银川：宁夏人民出版社。

费孝通，2009a，《费孝通全集（第十卷）》，呼和浩特：内蒙古人民出版社。

费孝通，2009b，《费孝通全集（第十二卷）》，呼和浩特：内蒙古人民出版社。

风笑天，2019，《“姐弟恋”婚姻数量猛增了吗？——一个错误研究结果被媒介追捧的启示》，《东南学术》第1期。

傅金鹏、杨继君，2010，《我国地方政府创新的可持续性：影响因素与对策》，《理论导刊》第12期。

高家军，2019，《“河长制”可持续发展路径分析——基于史密斯政策执行模型的视角》，《海南大学学报（人文社会科学版）》第3期。

谷志军、黄卫平，2018，《“上下联动”：地方政府创新可持续性的影响因素分析》，《学术研究》第10期。

管兵，2008，《发明还是扩散：地方政府创新动力机制》，《河北学刊》第1期。

韩天博，2018，《红天鹅：中国独特的治理和制度创新》，石磊译，北京：中信出版社。

贺璇、王冰，2016，《“运动式”治污：中国的环境威权主义及其效果检视》，《人文杂志》第10期。

何艳玲、李妮，2017，《为创新而竞争：一种新的地方政府竞争机制》，《武汉大学学报（哲学社会科学版）》第1期。

洪大用，2001，《社会变迁与环境问题——当代中国环境问题的社会学阐释》，北京：首都师范大学出版社。

洪大用，2016，《复合型环境治理的中国道路》，《中共中央党校学报》第3期。

洪大用，2018，《绿色社会的兴起》，《社会》第6期。

洪大用、范叶超等，2020，《迈向绿色社会：当代中国环境治理实践和影响》，北京：中国人民大学出版社。

洪大用、马国栋等，2014，《生态现代化与文明转型》，北京：中国人民大学出版社。

胡宁生、杨志，2015，《中国地方政府社会治理创新的持续性：影响因素与政策优化》，《江苏社会科学》第3期。

康晓光、韩恒名，2005，《分类控制：当前中国大陆国家与社会关系研究》，《社会学研究》第6期。

雷明贵，2018，《流域治理公众参与制度化实践：“双河长”模式——以湘江治理保护实践为例》，《环境保护》第15期。

雷布特·雷·沃克，2012，《毒岛：日本工业病史》，徐军译，北京：中国环境科学出版社。

蕾切尔·卡森，2014，《寂静的春天》，江月译，北京：新世界出版社。

李波、于水，2018，《达标压力型体制：地方水环境河长制治理的运作逻辑研究》，《宁夏社会科学》第2期。

李松林，2019，《体制与机制：概念、比较及其对改革的意义——兼论与制度的关系》，《领导科学》第6期。

李建琴，2006，《农村环境治理中的体制创新——以浙江省长兴县为例》，《中国农村经济》第9期。

李强、沈原、陶传进等，2005，《中国水问题——水资源与水管理的社会学研究》，北京：中国人民大学出版社。

李铁映，2008，《改革 开放 探索（下册）》，北京：中国人民大学出版社。

李艺轩，2015，《从"传递"到"认同"——从传播仪式观看国家领导人新年贺词的演变》，《青年记者》第14期。

李晓燕，2018，《基于生命周期与制度变迁逻辑的地方社会治理创新研究》，《当代财经》第5期。

李永健，2019，《河长制：水治理体制的中国特色与经验》，《重庆社会科学》第5期。

李友梅，2018，《当代中国社会治理转型的经验逻辑》，《中国社会科学》第11期。

李传轩，2017，《从妥协到融合：对可持续发展原则的批判与发展》，《清华大学学报（哲学社会科学版）》第5期。

黎元生、丘水林、胡熠，2017，《我国流域生态服务分层供给机制改革路径探析》，《福建师范大学学报（哲学社会科学版）》第3期。

栗战书，2019，《全国人民代表大会常务委员会执法检查组关于检查〈中华人民共和国水污染防治法〉实施情况的报告——2019年8月23日在第十三届全国人民代表大会常务委员会第十二次会议上》，《中国人大》第19期。

林燕梅，2019，《美国民间"护水者"的环境公益诉讼实践》，《中国检察官》第15期。

林毅夫，2018，《改革开放40年，中国为什么能够成功?》，《党的生活（黑龙江）》第12期。

刘超，2017，《环境法视角下河长制的法律机制建构思考》，《环境保护》第9期。

刘超、吴加明，2012，《纠缠于理想与现实之间的"河长"制：制度逻辑与现实困局》，《云南大学学报（法学版）》第4期。

刘伟，2014，《社会嵌入与地方政府创新之可持续性——公共服务创新的比较案例分析》，《南京社会科学》第1期。

刘晓亮、侯凯悦、张洺硕，2019，《从地方探索到中央推广：政府创新扩散的影响机制》，《公共管理学报》第3期。

刘学敏，2017，《我国环境治理的困境与出路》，《社会治理》第1期。

陆益龙，2004，《流动产权的界定：水资源保护的社会理论》，北京：中国人民大学出版社。

陆益龙，2015，《水环境问题、环保态度与居民的行动策略——2010CGSS数据的分析》，《山东社会科学》第1期。

罗杰斯，2016，《创新的扩散（第五版）》，唐兴通、郑常青、张延臣译，北京：电子工业出版社。

吕亚奇，2018，《流域治理空间压缩趋势研究——以河长制为思考对象》，《福建行政学院学报》第6期。

吕忠梅，2019，《建立"绿色发展"的法律机制：长江大保护的"中医"方案》，《中国人口·资源与环境》第10期。

麻宝斌、郭蕊，2010，《权责一致与权责背离：在理论与现实之间》，《政治学研究》第1期。

马克·乔克，2011，《莱茵河：一部生态传记（1815—2000）》，于君译，北京：中国环境科学出版社。

毛利霞，2015，《19世纪中后期英国关于河流污染治理的博弈》，《理论月刊》第2期。

梅赐琪、汪笑男、廖露等,2015,《政策试点的特征:基于〈人民日报〉1992—2003 年试点报道的研究》,《公共行政评论》第 3 期。
梅雪芹,2013,《英国环境史上沉重的一页——泰晤士河三文鱼的消失及其教训》,《南京大学学报(哲学·人文科学·社会科学版)》第 6 期。
倪星、原超,2014,《地方政府的运动式治理是如何走向“常规化”的? ——基于 S 市市监局“清无”专项行动的分析》,《公共行政评论》第 2 期。
鸟越皓之,2009,《环境社会学:站在生活者的角度思考》,宋金文译,北京:中国环境科学出版社。
欧阳静,2018,《强治理与弱治理:基层治理中的主体、机制与资源》,北京:社会科学文献出版社。
彭勃、付建军,2017,《城市基层治理中的清单制:创新逻辑与制度类型学》,《行政论坛》第 4 期。
裴宜理,2014,《增长的痛楚:崛起的中国面临之挑战》,夏璐译,《国外理论动态》第 12 期。
齐晔等,2008,《中国环境监管体制研究》,上海:上海三联书店。
全国干部培训教材编审指导委员会,2011,《生态文明建设与可持续发展》,北京:人民出版社、党建读物出版社。
任红,2017,《南明河是贵阳的乡愁所在——对话南明河民间河长黄成德》,《中国三峡》第 8 期。
任克强,2017,《政绩跑步机:关于环境问题的一个解释框架》,《南京社会科学》第 6 期。
任敏,2015,《“河长制”:一个中国政府流域治理跨部门协同的样本研究》,《北京行政学院学报》第 3 期。
荣敬本,2013,《“压力型体制”研究的回顾》,《经济社会体制比较》第 6 期。
荣敬本、崔之元等,1998,《从压力型体制向民主合作体制的转变:县乡两级政治体制改革》,北京:中央编译出版社。
斯蒂芬·所罗门,2018,《水:财富、权力和文明的史诗》,叶齐茂、倪晓辉译,北京:商务印书馆。
沈坤荣、金刚,2018,《中国地方政府环境治理的政策效应——基于“河长制”演进的研究》,《中国社会科学》第 5 期。
沈满洪,2018,《河长制的制度经济学分析》,《中国人口·资源与环境》第 1 期。
盛华仁,2004,《健全环境保护法制 依法防治水污染——盛华仁副委员长在全国人大环境与资源保护工作座谈会上的讲话(摘要)》,《中国人大》第 21 期。
史春,2013,《“河长制”真能实现“河长治”吗》,《环境教育》第 11 期。
史志军,2018,《企业河长:共建共治共享绿色家园》,《群众》第 17 期。
水利部太湖流域管理局、《太湖志》编纂委员会,2018,《太湖志》,北京:中国水利水电出版社。
说词解字辞书研究中心,2011,《中华现代汉语词典》,北京:华语教学出版社。
宋国君、谭炳卿,2007,《中国淮河流域水环境保护政策评估》,北京:中国人民大学出版社。
宋弘、孙雅洁、陈登科,2019,《政府空气污染治理效应评估——来自中国“低碳城市”建设的经验研究》,《管理世界》第 6 期。
孙程九、张勤勤,2019,《气候变迁、政府能力与王朝兴衰》,《经济学(季刊)》第 1 期。

孙雨，2019，《中国地方政府“注意力强化”现象的解释框架——基于S省N市环保任务的分析》，《北京社会科学》第11期。

台文泽、王悦、唐虹，2018，《“水”中窥“道”：缺水社会的生活实践与秩序变迁——以西北T村为例》，《原生态民族文化学刊》第2期。

唐文玉，2010，《行政吸纳服务——中国大陆国家与社会关系的一种新诠释》，《公共管理学报》第1期。

陶逸骏、赵永茂，2018，《环境事件中的体制护租：太湖蓝藻治理实践与河长制的背景》，《华中师范大学学报(人文社会科学版)》第2期。

田家华、吴铱达、曾伟，2018，《河流环境治理中地方政府与社会组织合作模式探析》，《中国行政管理》第11期。

童星，2018，《中国社会治理》，北京：中国人民大学出版社。

王炳林、张立梅，2012，《科学发展观形成记》，《中国经济周刊》第44期。

王灿发，2009，《地方人民政府对辖区内水环境质量负责的具体形式——“河长制”的法律解读》，《环境保护》第9期。

王春晓，2018，《三明医改：政策试验与卫生治理》，北京：社会科学文献出版社。

王汉生、王一鸽，2009，《目标管理责任制：农村基层政权的实践逻辑》，《社会学研究》第2期。

王华春、崔伟、平易，2020，《为环保而竞争：地方政府竞争的新解析》，《兰州学刊》第2期。

王华杰、薛忠义，2015，《社会治理现代化：内涵、问题与出路》，《中州学刊》第4期。

王焕祥、黄美花，2007，《中国地方政府创新的可持续性问题研究》，《上海行政学院学报》第6期。

王鸿涌，2009，《太湖无锡地区水资源保护和水污染防治》，北京：中国水利水电出版社。

王建革，2013，《水乡生态与江南社会(9—20世纪)》，北京：北京大学出版社。

王吉勇，2019，《黔仁生态：守护黔山秀水》，《中华环境》第7期。

王洛忠、庞锐，2018，《中国公共政策时空演进机理及扩散路径：以河长制的落地与变迁为例》，《中国行政管理》第5期。

王书明、蔡萌萌，2011，《基于新制度经济学视角的“河长制”评析》，《中国人口·资源与环境》第9期。

王勇，2015，《水环境治理“河长制”的悖论及其化解》，《西部法学评论》第3期。

王晓琳、张宝山、孟伟，2019，《依法治理“顽疾” 护好群众的“水缸”》，《中国人大》第17期。

王云婷，2018，《1988年雉城镇水污染事故》，载长兴县史志办公室编《长兴史志》第2期。

汪锦军，2015，《合作治理的构建：政府与社会良性互动的生成机制》，《政治学研究》第4期。

吴建南、马亮、苏婷等，2011，《政府创新的类型与特征——基于“中国地方政府创新奖”获奖项目的多案例研究》，《公共管理学报》第1期。

吴理财、吴侗，2018，《论地方政府创新韧性》，《江苏社会科学》第1期。

吴启琳，2012，《明成化、弘治时期的地方豪强与地方社会——以〈皇明条法事类纂〉为核心的考察》,载中国社会科学院历史研究所明史研究室编《明史研究论丛(第十辑)》,北京:故宫出版社。

吴文庆,2019,《河长制湖长制实务——太湖流域片河长制湖长制解析》,北京:中国水利水电出版社。

吴怡频、陆简,2018,《政策试点的结果差异研究——基于2000年至2012年中央推动型试点的实证分析》,《公共管理学报》第1期。

吴忠民,2015,《社会矛盾倒逼改革发展的机制分析》,《中国社会科学》第5期。

乌尔里希·贝克,2004,《风险社会》,何博闻译,南京:译林出版社。

无锡市滨湖区地方志编纂委员会,2014,《无锡市郊区志:1986—2000》,北京:方志出版社。

无锡市水利局,2008,《无锡市水利志:2001—2005》,北京:中国水利水电出版社。

无锡市地方志编纂委员会,2015,《无锡市志:1986—2005》,北京:方志出版社。

无锡市史志办公室,2007,《无锡年鉴.2007》,北京:方志出版社。

无锡县志编纂委员会,1994,《无锡县志》,上海:上海社会科学院出版社。

习近平,2020,《习近平谈治国理政.第三卷》,北京:外文出版社。

夏维中,2006,《洪武中后期江南里甲制度的调整》,《江海学刊》第1期。

向森、郁建兴,2020,《运动式治理的法治化——基于领导小组执法行为变迁的个案分析》,《东南学术》第2期。

肖显静,2009,《"河长制":一个有效而非长效的制度设置》,《环境教育》第5期。

熊万胜,2009,《合作社:作为制度化进程的意外后果》,《社会学研究》第5期。

熊文等,2017,《河长制 河长治》,武汉:长江出版社。

熊烨,2017,《跨域环境治理:一个"纵向—横向"机制的分析框架》,《北京社会科学》第5期。

徐刚,2013,《结构性冗余下政府副职的机理反思与进路选择》,《学习与探索》第2期。

颜海娜、曾栋,2019,《河长制水环境治理创新的困境与反思——基于协同治理的视角》,《北京行政学院学报》第2期。

杨爱平、杨和焰,2015,《国家治理视野下省际流域生态补偿新思路——以皖、浙两省的新安江流域为例》,《北京行政学院学报》第3期。

杨敬、叶真、邱雪挺,2015,《卫生城市(乡镇、县城)创建理论与实践研究》,杭州:浙江大学出版社。

杨雪冬,2011,《过去10年的中国地方政府改革——基于中国地方政府创新奖的评价》,《公共管理学报》第1期。

杨志、魏姝,2019,《政策扩散视域下的地方政府政策创新持续性研究:一个整合性理论框架》,《学海》第3期。

杨志军,2015,《运动式治理悖论:常态治理的非常规化》,《公共行政评论》第2期。

易明,2012,《一江黑水:中国未来的环境挑战》,姜智芹译,南京:江苏人民出版社。

易兰、赵万里、杨历，2020，《大气污染与气候变化协同治理机制创新》，《科研管理》第 10 期。
尤希良，2007，《亲历蓝藻危机》，《检察风云》第 16 期。
余敏江，2019，《生态理性的生产与再生产——中国城市环境治理 40 年》，上海：上海交通大学出版社。
郁建兴等，2019，《“最多跑一次”改革：浙江经验，中国方案》，北京：中国人民大学出版社。
郁建兴、黄飚，2017，《当代中国地方政府创新的新进展——兼论纵向政府间关系的重构》，《政治学研究》第 5 期。
郁有满，2008，《无锡运河志》，西安：西安地图出版社。
俞可平，2019，《中国地方政府创新的可持续性（2000—2015）——以“中国地方政府创新奖”获奖项目为例》，《公共管理学报》第 1 期。
余玲燕、方锋，2010，《长兴县河道保洁和长效管理的探索与实践》，《浙江水利科技》第 4 期。
虞锡君，2009，《减排背景下完善排污权交易机制探析——以全国首个试点城市浙江省嘉兴市为例》，《农业经济问题》第 3 期。
詹国辉、熊菲，2019，《河长制实践的治理困境与路径选择》，《经济体制改革》第 1 期。
詹姆斯·费尔格里夫，2016，《地理与世界霸权》，胡坚译，杭州：浙江人民出版社。
詹云燕，2019，《河长制的得失、争议与完善》，《中国环境管理》第 4 期。
章典、詹志勇、林初升等，2004，《气候变化与中国的战争、社会动乱和朝代变迁》，《科学通报》第 23 期。
张紧跟，2016，《治理体系现代化：地方政府创新的趋向》，《天津行政学院学报》第 3 期。
张军，2005，《为增长而竞争：中国之谜的一个解读》，《东岳论丛》第 4 期。
张军红、侯新，2017，《河长制的实践与探索》，郑州：黄河水利出版社。
张玉林，2006，《政经一体化开发机制与中国农村的环境冲突》，《探索与争鸣》第 5 期。
张玉林，2009，《承包制能否拯救中国的河流》，《环境保护》第 9 期。
张玉林、顾金土，2003，《环境污染背景下的“三农问题”》，《战略与管理》第 3 期。
赵理文，2009，《制度、体制、机制的区分及其对改革开放的方法论意义》，《中共中央党校学报》第 5 期。
赵继平、李萍，2017，《从企业“排污”到治污的蜕变——常州武进“企业河长”的社会价值》，《环境教育》第 11 期。
郑思齐、万广华、孙伟增等，2013，《公众诉求与城市环境治理》，《管理世界》第 6 期。
郑生竹、李雄鹰，2019，《言必称“创新”，基层很厌倦》，《半月谈》第 14 期。
钟凯华、陈凡、角媛梅等，2019，《河长制推行的时空历程及政策影响》，《中国农村水利水电》第 9 期。
周飞舟，2012，《财政资金的专项化及其问题：兼论“项目治国”》，《社会》第 1 期。
周铁镇志编纂委员会，2008，《周铁镇志》，南京：凤凰出版社。

周望，2013，《中国“政策试点”研究》，天津：天津人民出版社。

周望，2016，《如何“由点到面”？——“试点—推广”的发生机制与过程模式》，《中国行政管理》第10期。

周雪光，2012，《运动型治理机制：中国国家治理的制度逻辑再思考》，《开放时代》第9期。

周雪光，2014，《从“黄宗羲定律”到帝国的逻辑：中国国家治理逻辑的历史线索》，《开放时代》第4期。

周志忍、蒋敏娟，2013，《中国政府跨部门协同机制探析——一个叙事与诊断框架》，《公共行政评论》第1期。

周建国、熊烨，2017，《“河长制”：持续创新何以可能》，《江苏社会科学》第4期。

周黎安，2004，《晋升博弈中政府官员的激励与合作——兼论我国地方保护主义和重复建设问题长期存在的原因》，《经济研究》第6期。

周黎安，2007，《中国地方官员的晋升锦标赛模式研究》，《经济研究》第7期。

周黎安，2014，《行政发包制》，《社会》第6期。

周黎安，2017，《转型中的地方政府：官员激励与治理（第二版）》，上海：格致出版社。

周生贤，2006，《加快推进历史性转变 努力开创环境保护工作新局面——在2006年全国环保厅局长会议上的讲话》，《环境保护》第9期。

朱德米，2020，《中国水环境治理机制创新探索——河湖长制研究》，《南京社会科学》第1期。

朱光喜，2013，《中国“政策试验”研究：议题、意义与展望》，《广东行政学院学报》第4期。

朱旭峰，2011，《中国社会政策变迁中的专家参与模式研究》，《社会学研究》第2期。

朱旭峰、赵慧，2016，《政府间关系视角下的社会政策扩散》，《中国社会科学》第8期。

朱旭峰、张友浪，2014，《地方政府创新经验推广的难点何在——公共政策创新扩散理论的研究评述》，《人民论坛·学术前沿》第17期。

朱旭峰、张友浪，2015，《创新与扩散：新型行政审批制度在中国城市的兴起》，《管理世界》第10期。

朱玉知，2019，《环境政策执行研究：基于模糊—冲突模型的比较案例分析》，北京：北京大学出版社。

朱亚鹏、丁淑娟，2016，《政策属性与中国社会政策创新的扩散研究》，《社会学研究》第5期。

二、外文文献

Chien Shiuh-Shen, Hong Dong-Li. 2018. “River Leaders in China: Party-state Hierarchy and Transboundary Governance.” *Political Geography* 62, 58-67.

Dai, L. 2015. “A New Perspective on Water Governance in China: Captain of the River.” *Water International* 40(1), 87-99.

Funabashi, H. 2006. “Minamata Disease and Environmental Governance.” *International Journal of Japanese Sociology* 15(1): 7-25.

Gould, K. A., Pellow, D. N., Schnaiberg, A. 2008. *The Treadmill of Production: Injustice and Unsustainability in the Global Economy*. Boulder: Paradigm Publishers.

Hardin, G.. 1968. "The Tragedy of the Commons." *Science* 162(3859): 1243-1248.

Heilmann, Sebastian. 2008. "From Local Experiments to National Policy: The Origins of China's Distinctive Policy Process." *The China Journal* 59.

Huber, Joseph. 2000. "Towards Industrial Ecology: Sustainable Development as a Concept of Ecological Modernization." *Journal of Environmental Policy & Planning* 2(4): 269-285.

Jänicke, M. 2008. "Ecological Modernisation: New Perspectives." *Journal of Cleaner Production* 16: 557-565.

Mol, Arthur P. J. 1996. "Ecological Modernisation and Institutional Reflexivity: Environmental Reform in the Late Modern Age." *Environmental Politics* 5(2): 302-323.

Mol, Arthur P. J. and David. A. Sonnenfeld. 2000. *Ecological Modernisation around the World: Perspectives and Critical Debates*. London: Frank Cass.

Oi, Jean. 1992. "Fiscal Reform and the Economic Foundations of Local State Corporatism in China." *World Politics* 45(1):99-126.

Rogers, E. M, 1962. *Diffusion of Innovations*. New York: Free Press.

Rogers, E. M., Burdge, R. J. 1972. *Social Change in Rural Societies: an Introduction to Rural Sociology (2nd ed)*. New York: Appleton-Century-Crofts.

Schnaiberg, A. 1980. *The Environment: from Surplus to Scarcity*. New York: Oxford University Press.

Schnaiberg, A., Gould, K. A. 1994. *Environment and Society: the Enduring Conflict*. New York: St. Martin's Press.

Walder, Andrew. 1995. "Local Governments as Industrial Firms: An Organizational Analysis of China's Transitional Economy." *American Journal of Sociology* 101(2):263-301.

后记

人类社会面临着水源型缺水和水质型缺水的双重压力，其中后者在现代社会成为一项突出矛盾，导致丰水地区也遭遇缺水或贫水窘境。在水污染愈演愈烈阶段，社会各界都期望能找到有效的破解机制。而诞生于水乡地区的河长制为扭转经济与环保之间的结构性不平衡、撬动环境治理资源以及重塑河湖面貌提供了重要抓手，引起了大众传媒和学界的广泛关注与讨论。

在河长制新鲜出炉阶段，我就对其有所认知。遗憾的是，因为自身懒惰，我并未开展过近距离的观察。2016 年底，国家全面推广河长制，各级地方党政主要领导干部开始担任河长，并需要为所承包的"责任河"的环境改善而履职。在此背景下，我开始对其开展近距离的观察与思考。然而，因为动笔太慢和写作拖沓，以至这项思考到今天才算初步成型。在此，我要感谢洪大用教授的鞭策，让这项研究之旅得以正式开启。作为"中国乡村生态文明建设实践研究丛书"的一部分，洪老师曾希望我围绕环境政策评估开展研究，但后来因为种种条件限制，我将主题聚焦到河长制的地方试验及其创新扩散。感谢这份宽松的研究环境，让我能够自由地探索。提笔至此，我要感谢陈阿江教授。与河长制的最初的缘分，正是在他带领下于无锡市周铁镇开展田野调查期间建立起来的。当时，我们发现河边有不少竖立的小牌子，上面有河道管护人员的姓名及其职责范围。此次河长制主题研究，他也提供过耐心的指导。2019年中国社会学会学术年会结束后，陈老师还应邀与我一起从昆明到洱源县调研，并给出了建设性的意见。

本项研究报告得以完成，我要由衷地感谢接受访谈的相关部门及其工作人员。过去几年，我围绕河长制在江苏、上海、浙江、安徽以及云南等地开展了比较多的田野调查与回访研究，搜集了大量的一手研究资料。在调研过程中，水利、环保、林业和发改等部门的很多领导与朋友，为田野调查和资料搜集提供了慷慨帮助。同时，很多地方的史志办和档案馆的工作人员给予了热情接待，并提供了查阅档案的便利，有的还赠送了地方志文献，为本项研究提供了巨大帮助。限于匿名需要，此处未能一一列举他们的姓名。感恩于心！

我需要特别感谢云南财经大学的杨晓曦老师。课题研究过程中，我一直在寻觅洱源县实施河长制的一份文件，然使尽浑身解数不得觅。2020年6月20日下午，我拜请作为大理人的杨晓曦帮助寻觅，他爽快地答应下来。尔后，其通过水利战线的多位同学和朋友寻觅，但亦未能够找到。2021年2月5日下午4时许，收到杨老师微信，该文件已由他在大理州工作的好友找到。而杨老师的这位好友前后到洱海管理局寻觅三次，最后一次遇上洱海管理局的一位在1988年就参加工作的老先生，在后者的帮助下才觅得这份文件的检索线索。回想起来，该文件已经被寻访七月有余，无限感激之情顿时涌上心头。

在本项研究的不同阶段，龚维斌、冯仕政、刘少杰、陆益龙、刘精明、王晓毅、宋国君、王水雄、黄家亮、肖晨阳等老师给予了建设性的批评，为我进一步聚焦研究主题，提供了帮助。感谢施国庆、黄涛珍、蒲晓东、朱志梅、王毅杰、顾金土、许佳君、黄健元、陈绍军、胡亮、张虎彪、杨方、孙中良、朱新华等师友，对我学术研究的长期帮助；感谢李峰所提供的其在南京市开展河长制主题调研期间搜集的文本素材；感谢任克强和耿言虎对初稿的建设性批评。

最后，感恩父母的任劳任怨！感恩妻子在家庭方面的辛苦付出！正是他们的不辞辛劳，我才得以能够从事这项研究。

人近中年，我深刻地感受到时间碎片化的压力。本书很多内容都是在零敲碎打的时间中撰写的，部分章节则是在2020年的特殊的“寂静的春天”里完成的。后来，当我重新翻读时发现写作过程中的仓促与不足，不禁为之汗颜。限于学识与能力，本研究难免还有很多疏漏甚至错讹，也恳请方家指正与批评，我会努力予以完善。

文字寥寥，并无生动的情感抒发，权作研究之旅途以及报告成书过程的记述。未来，我将一如既往地秉持学术初心，怀揣乐于研究的心态！

陈 涛

2021 年 5 月